大数据与人工智能技术丛书

Python
数据分析与可视化 微课视频版

◎ 魏伟一 李晓红 编著

清华大学出版社

北京

内 容 简 介

本书从 Python 数据分析的基础知识入手,结合大量的数据分析示例,系统地介绍数据分析和可视化绘图的方法,带领读者一步步掌握 Python 数据分析的相关知识,提高读者解决实际问题的能力。

本书共 13 章,主要内容包括数据分析与可视化概述、Python 编程基础、NumPy 数值计算基础、Pandas 统计分析基础、Pandas 数据载入与预处理、Matplotlib 数据可视化基础、Seaborn 可视化、pyecharts 可视化、时间序列数据分析、SciPy 科学计算、统计与机器学习、图像数据分析和综合案例等。

本书可作为各类高等院校计算机科学与技术、软件工程及大数据技术等专业的本科生教材,也可作为 Python 数据分析初学者和爱好者的参考书。

图书在版编目(CIP)数据

Python 数据分析与可视化:微课视频版/魏伟一,李晓红编著. —北京:清华大学出版社,2020.3
(2020.10 重印)
(大数据与人工智能技术丛书)
ISBN 978-7-302-54666-5

Ⅰ. ①P… Ⅱ. ①魏… ②李… Ⅲ. ①软件工具－程序设计 Ⅳ. ①TP311.561

中国版本图书馆 CIP 数据核字(2019)第 300203 号

策划编辑:魏江江
责任编辑:王冰飞
封面设计:刘 键
责任校对:时翠兰
责任印制:沈 露

出版发行:清华大学出版社
    网　　址:http://www.tup.com.cn,http://www.wqbook.com
    地　　址:北京清华大学学研大厦 A 座　　　　邮　　编:100084
    社 总 机:010-62770175　　　　　　　　　　邮　　购:010-62786544
    投稿与读者服务:010-62776969,c-service@tup.tsinghua.edu.cn
    质量反馈:010-62772015,zhiliang@tup.tsinghua.edu.cn
    课件下载:http://www.tup.com.cn,010-83470236
印 装 者:三河市龙大印装有限公司
经　　销:全国新华书店
开　　本:185mm×260mm　　印　张:15.75　　　　字　数:341 千字
版　　次:2020 年 3 月第 1 版　　　　　　　　　　印　次:2020 年 10 月第 4 次印刷
印　　数:6001~9000
定　　价:49.00 元

产品编号:085571-01

前　言

随着互联网的飞速发展，人们在互联网上的行为产生了海量数据，对这些数据存储、处理与分析带动了大数据技术的发展。其中，数据挖掘和分析技术可以帮助人们对庞大的数据进行相关分析，找到有价值的信息和规律，使得人们对世界的认识更快、更便捷。在数据分析领域，Python 语言简单易用，第三方库强大，并提供了完整的数据分析框架，因此深受数据分析人员的青睐，Python 已经当仁不让地成为数据分析人员的一把利器。

因此，本书从 Python 数据分析的基础知识入手，结合大量的数据分析示例，系统地介绍数据分析和可视化绘图的方法，带领读者一步步掌握 Python 数据分析的相关知识，提高读者解决实际问题的能力。

本书特色

（1）内容全面，讲解系统。

（2）给出了数据分析环境的安装和配置步骤。

（3）详细介绍了使用 Python 进行数据分析与可视化的方法。

（4）提供了多个有较高应用价值的项目案例，有很强的实用性。

（5）提供丰富的配套资源。

本书内容

第 1 章　数据分析与可视化概述，主要介绍数据分析与可视化的基本内容，数据、数据分析和数据挖掘的关系，数据分析与可视化的常用工具，Python 数据分析与可视化的主要库以及 Jupyter Notebook 的基本使用方法。

第 2 章　Python 编程基础，主要介绍 Python 语言的基本语法、内建数据结构、函数以及文件操作。

第 3 章　NumPy 数值计算基础，主要介绍数组及其索引、数组运算、数组读/写及常用的统计与分析方法。

第 4 章　Pandas 统计分析基础，主要介绍 Pandas 数据结构、索引操作、数据运算、分组汇总聚合、透视表以及 Pandas 的常用绘图。

第 5 章　Pandas 数据载入与预处理，主要针对数据预处理阶段的需求，介绍使用 Pandas 载入数据、合并数据、数据清洗、数据标准化及数据转换的典型方法。

第 6 章　Matplotlib 数据可视化基础，主要介绍 Pyplot 绘图的基本语法、常用参数，各类常用图形的绘制及词云的简单用法。

第 7 章　Seaborn 可视化，主要介绍 Seaborn 可视化中的风格与主题设置及常见绘图的基本用法。

第 8 章　pyecharts 可视化，主要介绍 pyecharts 的安装与导入、绘图主要过程以及柱状图、饼图、漏斗图、散点图、K 线图、仪表盘、词云、地图及组合图表的绘制方法。

第9章　时间序列数据分析,主要介绍时间序列数据分析的基本方法,包括 Pandas 中的日期型数据、日期的范围、频率及日期的操作。

第10章　SciPy 科学计算,主要介绍 SciPy 中的常数和特殊函数、线性代数运算、优化、稀疏矩阵处理及简单的图像处理等内容。

第11章　统计与机器学习,主要介绍 sklearn 库的基本功能、典型分类、聚类算法以及主成分分析方法及应用。

第12章　图像数据分析,主要介绍 OpenCV 的导入、图像的基本操作、SIFT 和 SURF 特征点的提取及图像的降噪。

第13章　综合案例,介绍两个综合案例,针对职业人群体检数据和股票数据,结合前面章节介绍的数据分析和数据可视化技术,实现数据分析与可视化。

本书配套资源

- 教学大纲、教学课件、电子教案、程序源码、教学进度表,扫描封底的课件二维码可以下载。
- 420 分钟的视频讲解,扫描书中相应位置的二维码可以在线观看、学习。

本书由魏伟一、李晓红编写。由于编者水平有限,书中难免存在疏漏和不足之处,敬请读者批评指正。

编　者

2019 年 10 月

目 录

第 1 章

数据分析与可视化概述

计算机技术、数据库技术和传感器技术的飞速发展带来海量信息的产生，而海量信息则对应了海量的数据。数据和它所代表的事物之间的关联既是进行全面数据分析和数据可视化的关键，也是深层次理解数据的关键。因此，作为大数据技术的核心环节，如何分析与使用数据，重要性可想而知。

1.1 数据分析

数据分析是数学与计算机科学相结合的产物，是指使用适当的统计分析方法对搜集来的大量数据进行分析，提取有用信息并形成结论，从而对数据加以详细研究和概括总结的过程。数据挖掘则是指从大量

视频讲解

的、不完全的、有噪声的、模糊的和随机的实际应用数据中，通过应用聚类、分类、回归和关联规则等技术，挖掘潜在价值的过程。数据分析和数据挖掘都是基于搜集来的数据，应用数学、统计和计算机等技术抽取出数据中的有用信息，进而为决策提供依据和指导方向。例如，运用预测分析法对历史的交通数据进行建模，预测城市各路线的车流量，进而改善交通的拥堵状况；采用分类手段对患者的体检数据进行挖掘，判断其所属的病情状况以及使用聚类分析法对交易的商品进行归类，可以实现商品的捆绑销售、推荐销售等营销手段。

数据分析有狭义和广义之分。狭义的数据分析是指根据分析目的，采用对比分析、分组分析、交叉分析和回归分析等分析方法，对搜集的数据进行处理与分析，提取有价值的信息，发挥数据的作用，并得到一个特征统计量结果的过程。一般常说的数据分析就是指狭义的数据分析。而广义的数据分析是指针对搜集来的数据运用基础探索、统计

分析、深层挖掘等方法,发现数据中有用的信息和未知的规律与模式,进而为下一步的业务决策提供理论与实践依据。也就是说,广义数据分析除了狭义数据分析外,还包括数据挖掘的部分。图 1-1 显示了广义数据分析主要包括的内容。

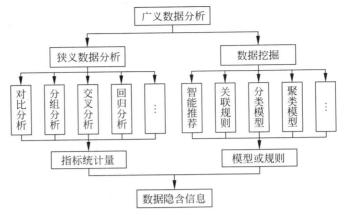

图 1-1　广义数据分析的主要内容

1.2　数据可视化

视频讲解

　　数据可视化是数据分析和数据科学的关键技术之一。它将数据或信息编码为图形或图像,允许使用图形图像处理、计算机视觉以及用户界面,通过表达、建模以及对立体、表面、属性和动画的显示,对数据加以可视化解释。简单地说,数据可视化就是以图形化方式表示数据,让决策者可以通过图形直观地看到数据分析结果,从而更容易理解业务变化趋势或发现新的业务模式。

　　通过增加数据可视化的使用,企业能更快地发现所要追求的价值;通过创建更多的信息图表,人们可以更快地使用更多的资源,获得更多的信息。数据可视化可以创建出似乎没有任何联系的数据点之间的连接,让人们能够分辨出有用的和没用的数据,让信息的价值最大化。

　　数据聚焦于数据的采集、清理、预处理、分析和挖掘;图形聚焦于解决对光学图像进行接收、提取信息、加工变换、模式识别及存储显示;数据可视化则聚焦于解决将数据转换成图形,并进行交互处理。

　　所以,只要建立数据和现实世界的联系,计算机技术便可以把数据或数据分析结果批量转换成不同的形状和颜色,通过图表表达有价值的信息。当进行数据可视化时,其实是在将对现实世界的抽象表达进行可视化,帮助人们从一个个独立的数据点中解脱出来,换一个不同的角度去探索它们,以更加直观地阐述观点,为浏览者带来更加深刻的印象;或者,在错综复杂的数据中,通过数据可视化的方式发现和验证不同维度和指标之间的关联。

1.3　数据分析与可视化常用工具

1. Microsoft Excel

Excel 是大家熟悉的电子表格软件,已被广泛使用了很多年,如今甚至有很多数据只能以 Excel 表格的形式获取到。在 Excel 中,让某几列高亮显示、做几张图表都很简单,于是也很容易对数据有个大致了解。Excel 的局限性在于它一次所能处理的数据量,而且除非通晓 VBA 这个 Excel 内置的编程语言,否则针对不同数据集来绘制一张图表将是一件很烦琐的事情。

2. R 语言

R 语言是由新西兰奥克兰大学 Ross Ihaka 和 Robert Gentleman 开发的用于统计分析、绘图的语言和操作环境,是属于 GNU 系统的一款自由、免费和源代码开放的软件,是一种用于统计计算和统计制图的优秀工具。

R 语言的主要功能包括数据存储和处理系统、数组运算工具(其向量、矩阵运算方面功能尤其强大)、完整连贯的统计分析工具、优秀的统计制图功能、简便而强大的编程语言以及可操纵数据的输入和输出等功能。

3. Python 语言

Python 是由荷兰人 Guido van Rossum 于 1989 年发明的,并在 1991 年首次公开发行。它是一种简单易学的编程类工具,其编写的代码具有简洁性、易读性和易维护性等优点。Python 原本主要应用于系统维护和网页开发,但随着大数据时代的到来,以及数据挖掘、机器学习、人工智能等技术的发展,促使 Python 进入数据科学的领域。

Python 同样拥有非常丰富的第三方模块,用户可以使用这些模块完成数据科学中的工作任务。例如,Pandas、statsmodels、SciPy 等模块用于数据处理和统计分析;Matplotlib、Seaborn、bokeh 等模块实现数据的可视化功能;sklearn、PyML、Keras、TensorFlow 等模块实现数据挖掘、深度学习等操作。

4. JavaScript

JavaScript 通常使用一些图表和其他数据可视化工具把数据加载到网页中,并基于数据生成各种图表。JavaScript 不仅能创建基本图表,而且可以实现不同于传统图表的特殊可视化。例如,它可以使用 Flotr2 和 Sparkline 等工具创建基本的图表,实现基于时间、地理位置的可视化效果,还可以使用 Yeoman 和 Backbone.js 库构建数据驱动的 Web 应用。

5. PHP

PHP 和 Python 一样,PHP 也是比 R 语言应用更为广泛的编程语言。虽然 PHP 主要用于 Web 编程,但 PHP 中有丰富的图形库,这就意味着可以把它应用于数据的可视化。基本上,只要能加载数据并基于数据画图,就可以创建视觉数据。

1.4 为何选用 Python 进行数据分析与可视化

1. 爬取数据需要 Python

视频讲解

Python 是目前最流行的数据爬虫语言。它拥有许多支持数据爬取的第三方库,如 requests、selenium,以及号称目前最强大爬虫框架的 Scrapy。使用 Python 可以爬取互联网上公布的大部分数据。

2. 数据分析需要 Python

数据获取之后,还要对数据进行清洗和预处理,清洗完成后还要进行数据分析和可视化。Python 提供了大量第三方数据分析库,包括 Numpy、Pandas、Matplotlib,可进行科学计算、Web 开发、数据接口、图形绘制等众多工作,开发的代码通过封装,也可以作为第三方模块给别人使用。

3. Python 语言简单高效

Python 语言简单高效、易学易用,不仅让数据分析师摆脱了程序本身语法规则的泥潭,能更快地进行数据分析,而且完善的基础代码库覆盖了网络通信、文件处理、数据库接口、图形系统等大量内容。因此,Python 语言被形象地称为“内置电池”(Batteries Included)。

1.5 Python 数据分析与可视化常用类库

1. NumPy

视频讲解

NumPy(Numeric Python)软件包是 Python 生态系统中数据分析、机器学习和科学计算的主力军。它极大地简化了向量和矩阵的操作处理方式。Python 的一些主要软件包(如 SciPy、Pandas 和 TensorFlow)都以 NumPy 作为其架构的基础部分。除了能对数值数据进行切片(slice)和切块(dice)外,使用 NumPy 还能为处理和调试上述库中的高级实例带来极大便利。NumPy 一般被很多大型金融公司使用,一些核心的科学计算组织如 Lawrence Livermore、NASA,也用它处理一些本来使用 C++、Fortran 或 MATLAB 等所做的任务。

2. SciPy

SciPy 是基于 NumPy 开发的高级模块,提供了许多数学算法和函数的实现,可便捷地解决科学计算中的一些标准问题。例如,数值积分和微分方程求解、最优化,甚至包括信号处理等。作为标准科学计算程序库,SciPy 是 Python 科学计算程序的核心包,包含了科学计算中常见问题的各个功能模块,不同子模块适用于不同的应用。

3. Pandas

Pandas 是基于 NumPy 的一种工具,提供了大量便捷处理数据的函数和方法。它是使 Python 成为强大而高效的数据分析环境的重要因素之一。Pandas 中主要的数据结构有 Series、DataFrame 和 Panel。其中 Series 是一维数组,与 NumPy 中的一维数组 array 以及 Python 基本的数据结构 List 类似。区别在于 List 中的元素可以是不同的数据类型,而 Array 和 Series 中则只允许存储相同的数据类型,这样可以更有效地使用内存,从而提高运算效率;DataFrame 是二维的表格型数据结构,可以将 DataFrame 理解为 Series 的容器;Panel 是三维的数组,可看作 DataFrame 的容器。

4. Matplotlib

Matplotlib 是 Python 的绘图库,是用于生成出版质量级别图形的桌面绘图包。它可与 NumPy 一起使用,提供一种有效的 MATLAB 开源替代方案;它也可以和图形工具包一起使用,如 PyQt 和 wxPython,让用户很轻松地将数据图形化;同时它还提供多样化的输出格式。

5. Seaborn

Seaborn 在 Matplotlib 基础上提供了一个绘制统计图形的高级接口,为数据的可视化分析工作提供了极大的方便,使得绘图更加容易。使用 Matplotlib 最大的困难是其默认的各种参数,而 Seaborn 则完全避免了这一问题。一般来说,Seaborn 能满足数据分析 90% 的绘图需求。当然,如果需要复杂的自定义图形,还是要使用 Matplotlib。

6. Scikit-learn

Scikit-learn 是专门面向机器学习的 Python 开源框架,它实现了各种成熟的机器学习算法,容易安装和使用。另一方面,Scikit-learn 不支持深度学习和强化学习,也不支持 Python 之外的语言和 GPU 加速等功能。Scikit-learn 的基本功能有分类、回归、聚类、数据降维、模型选择和数据预处理六大部分。

1.6　Jupyter Notebook 的使用

视频讲解

Jupyter Notebook 是基于 Web 技术的交互式计算文档格式,支持 Markdown 和 Latex 语法,支持代码运行、文本输入、数学公式编辑、内嵌式画图和其他如图片文件的插入等功能的对代码友好的交互式笔记本。

1. Jupyter Notebook 中的代码输入与编辑

打开 Jupyter Notebook 后,显示首页界面,如图 1-2 所示。

图 1-2   Jupyter Notebook 首页界面

Files 基本上列出了所有的文件；Running 显示了当前已经打开的终端和 Notebooks；Clusters 由 IPython parallel 包提供，用于并行计算。若要创建一个新的 Notebook，只需单击页面右上角的 New 按钮，在下拉选项中选择 python3，即可得到一个空的 Notebook 界面，如图 1-3 所示。

图 1-3   Notebook 界面

Notebook 界面主要由以下部分组成：Notebook 标题、主工具栏、快捷键、Notebook 编辑区。

若要重新命名 Notebook 标题，可选择 File|Rename，输入新的名称，更改后的名字就会出现在 Jupyter 图标的右侧。

在编辑区可以看到一个个单元（cell）。如图 1-4 所示，每个 cell 以"In[]"开头，可以输入正确的 Python 代码并执行。例如，输入""python"＋"program""，然后按 Shift＋Enter 组合键，代码运行后，编辑状态切换到新的 cell。

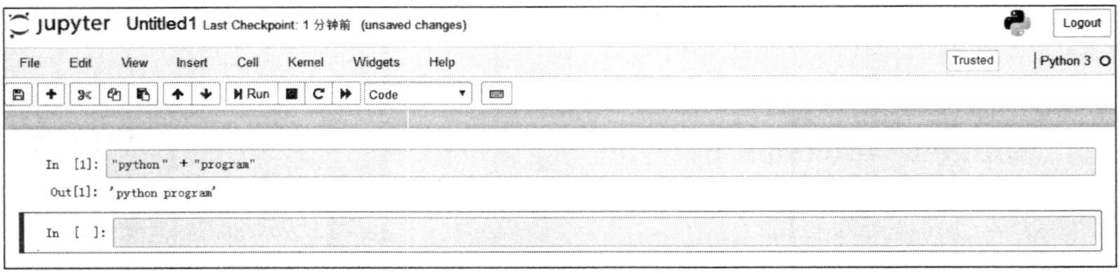

图 1-4   代码编辑单元

选择 Insert|Insert Cell Above，则在当前 cell 上面会添加一个新的默认是 code 类型的单元。选择 Cell|Cell Type 菜单，选择 Markdown（标记），这样就可以获得一个优美、解释性更强的 Notebook。

Notebook 还具备导出功能，可导出为以下几种形式的文件：HTML、Markdown、

ReST、PDF(Through LaTex)和 Raw Python。

2．Tab 补全

在 IDE 或者交互式环境中提供了 Tab 补全功能。当在命令行输入表达式时，按下 Tab 键可以为任意变量（对象、函数等）搜索命名空间，与当前已输入的字符进行匹配。

【例 1-1】 变量名的 Tab 补全。

In[1]:

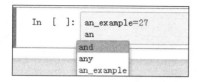

在例 1-1 中，定义了变量 an_example 并已赋值，在后续命令中输入 an 之后按下 Tab 键，会匹配到前缀为 an 的关键词或变量。

【例 1-2】 属性名称的补全。

In[2]:

对于变量，在输入英文的句号后，按下 Tab 键，对方法、属性的名称进行补全。

【例 1-3】 模块的补全。

In[3]:

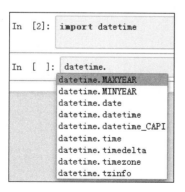

3．快捷键

表 1-1 列举了一些常用的快捷键及其功能。

表 1-1　Jupyter Notebook 中的常用快捷键及其功能

模　　式	快　捷　键	描　　述
按 Enter 键进入编辑模式	Ctrl＋Enter	运行当前单元代码
	Shift＋Enter	运行当前单元代码并指向下一个单元
	Alt＋Enter	运行本单元代码并在下方插入新单元
按 Esc 键进入命令模式	Up(Down)	选中上方或下方单元
	Shift＋K	扩大选中上方单元
	Shift＋J	扩大选中下方单元
	Shift＋M	合并选中的单元
	A	在当前单元格上面创建一个新的单元格
	B	在当前单元格下面创建一个新的单元格
	双击 D	删除本单元格
	Z	撤销已删除的单元格
	M	插入 Markdown 格式文本

1.7　本章小结

　　本章是数据分析与可视化的概述,主要介绍了数据分析与可视化的基本内容,数据、数据分析和数据挖掘的关系,数据分析与可视化常用的工具,Python 数据分析与可视化的常用类库以及 Jupyter Notebook 的基本使用方法。

第 2 章

Python编程基础

2.1 Python 语言基本语法

视频讲解

Python 是一个结合了解释性、编译性、互动性和面向对象的高级程序设计语言,具有结构简单、语法定义清晰的特点。Python 最具特色的就是使用缩进来表示代码块,不需要使用大括号{}。缩进的空格数是可变的,但是同一个代码块的语句必须包含相同的缩进空格数。

【例 2-1】 Python 程序示例。

```
In[1]:    answer = int(input("请输入一个整数:"))
          if answer == 2:
              print ("hello,")
              print ("it's True")
          else:
              print ("sorry,")
              print ("it's False")
Out[1]:   请输入一个整数:3
          sorry,
          it's False
```

2.1.1 基础数据类型

Python 3 中有 6 种标准的数据类型:Number(数字)、String(字符串)、List(列表)、Tuple(元组)、Set(集合)和 Dictionary(字典)。其中,不可变数据类型有 Number、String、

Tuple;可变数据类型有 List、Dictionary、Set。

Python 3 支持的数字类型有 int(整数)、float(浮点数)、bool(布尔型)、complex(复数)4 种。在 Python 3 里,只有一种 int 类型,表示为长整型,没有大小限制;float 就是通常说的小数,可以用科学记数法来表示;bool 型有 True 和 False 两个取值,分别对应的值为 1 和 0,并且可以和数字相加;complex 由实部和虚部两部分构成,用 a+bj 或 complex(a,b)表示,实数部分 a 和虚数部分 b 都是浮点型。

2.1.2 变量和赋值

Python 中的变量是不需要声明数据类型的,变量的"类型"是所指的内存中被赋值对象的类型,例如:

```
brower = 'Google'        #字符串类型
count = 100              #整数类型
addsum = 123.45          #浮点数类型
z = 2 + 3j               #复数类型
```

同一变量可以反复赋值,而且可以是不同类型的变量,这也是 Python 语言被称为动态语言的原因,例如:

```
brower = 'Google'        #字符串类型
brower = 100             #整数类型
brower = 123.45          #浮点数类型
brower = 2 + 3j          #复数类型
```

并且,Python 也允许同时为多个变量赋值。

【例 2-2】 多变量赋值示例。

```
In[2]:   brower, count, addsum = 'Google', 100, 123.45
         print(brower, count, addsum)
Out[2]:  Google  100  123.45
```

2.1.3 运算符和表达式

运算符用于执行程序代码运算,会针对一个以上操作数来进行运算。Python 语言支持算术运算符、关系运算符和逻辑运算符。表 2-1 中显示了各种运算符及其描述。

表 2-1　运算符功能描述

运　算　符	功　　能
+,-,*,/,%,//,**	算术运算:加、减、乘、除、取模、整除、幂
<,<=,>,>=,!=,==	关系运算符
and,or,not	逻辑运算符

各类运算符之间的优先级顺序为:逻辑运算符<关系运算符<算术运算符。如 2+3>5+6 and 4+9>4+7 计算次序依次是算术运算、关系运算、逻辑运算。为了增强

代码的可读性,可合理使用括号。此外,Python 还支持形如 3<4<5 的表达式,它实际上等价于表达式：3<4 and 4<5。表 2-2 中列出了算术运算符及用法。

表 2-2　算术运算符及用法

运 算 符	说　　明	范　　例	结　　果
—	求反	—5	—5
*	乘法	8.5 * 3.5	29.75
/	除法	11/3	3
%	取余数	8.5%3.5	1.5
+	加法	11+3	14
—	减法	5—19	—14
**	乘方(幂)	2 ** 5	32

表达式是由运算对象和运算符组成的有意义的式子。

2.1.4　字符串

字符串被定义为引号之间的字符集合,在 Python 中,字符串用单引号(')、双引号(")、三引号(''')括起来,且必须配对使用。当 Python 字符串中有一个反斜杠时表示一个转义序列的开始,称反斜杠为转义符。所谓转义字符,是指那些字符串中存在的有特殊含义的字符。表 2-3 列出了常用的转义字符。

表 2-3　转义字符及说明

转 义 字 符	说　　明
\n	换行
\\	反斜杠
\"	双引号
\t	制表符

Python 允许用 r+"　"的方式表示"　"内部的字符串,默认不转义。

【例 2-3】　转义字符的使用。

```
In[3]:    print("python\nprogram")
          print(r"python\nprogram")
Out[3]:   python
          program
          python\nprogram
```

1. 字符串的运算

字符串子串可以用分离操作符([]或者[:])选取,Python 特有的索引规则为：第一个字符的索引是 0,后续字符索引依次递增,或者从右向左编号,最后一个字符的索引号为—1,前面的字符依次减 1。表 2-4 给出了字符串的常用运算。

表 2-4　字符串的运算示例

运 算 符	说 明	范 例	结 果
+	连接操作	str1 = 'Python' str2 = ', program!' str1 + str2	'python，program!'
*	重复操作	str = 'Python' str * 2	'PythonPython'
[]	索引	str = 'Python' str[2] str2[-1]	't' 'n'
[:]	切片	str = 'Python' str[2:5] str[-4:-1]	'tho' 'tho'

注：如果 * 后面的数字是 0，就会产生一个空字符串。例如，'python' * 0 的运算结果是''。

2. 字符串的常见方法属性

字符串的常见方法属性见表 2-5。

表 2-5　字符串的方法描述

方法/函数	作 用
str.capitalize()	返回字符串的副本，其首字符大写，其余字符小写
str.count(sub[,start[,end]])	返回[start,end]内 sub 的非重叠出现次数，start 和 end 可选
str.endswith(sub[,start[,end]])	返回布尔值，表示字符串是否以指定的 sub 结束，同类方法为 str.startswith()
str.find(sub[,start[,end]])	返回字符串中首次出现子串 sub 的索引位置，start 和 end 可选，若未找到 sub，返回-1，类似方法为 str.index()
str.split(sep=None)	使用 sep 作为分隔符拆分字符串，返回字符串中单词的列表，分隔空字符串
str.strip([chars])	删除字符串前端和尾部 chars 指定的字符集，如果省略或 None，则删除空白字符
str.upper()/str.lower()	将字符串中所有字符转换为大写/小写

2.1.5　流程控制

1. 条件语句

分支结构又称为选择结构，根据判断条件，程序选择执行特定的代码。在 Python 语言中，条件语句使用关键字 if、elif、else 来表示，基本语法格式如下：

```
if condition:
    if - block
[elif condition:
```

```
    elif - block
else:
    else - block]
```

其中,冒号(:)是语句块开始标记,[ ]内为可选项。另外,在 Python 中,当 condition 的值为 False、0、None、""、( )、[ ]、{ }时,会被解释器解释为假(False)。

【例 2-4】　判断一个学生的考试成绩是否及格:如果成绩大于或等于 60 分,则打印"及格",否则输出"不及格"。

```
In[4]:    score = float(input("请输入成绩:"))
          if score > = 60:
              print("及格")
          else:
              print("不及格")
Out[4]:   请输入成绩:80
          及格
```

注:一个 if 语句最多只能拥有一个 else 子句,且 else 子句必须是整条语句的最后一个子句,else 没有条件。

【例 2-5】　将化学分子式翻译为其所表示物质对应的英文。

```
In[5]:    compound = input("请输入化学分子式:")
          if compound == "H2O":
              print("water")
          elif compound == "NH3":
              print("ammonia")
          elif compound == "CH4":
              print("methane")
          else:
              print("no exist")
Out[5]:   请输入化学分子式:H2O
          water
```

2. 循环语句

循环结构是指满足一定条件的情况下,重复执行特定代码块的一种编码结构。Python 中,常见的循环语句是 while 循环和 for 循环。

1) while 循环

while 循环的语法格式:

```
while condition:
    while - block
```

【例 2-6】　求 $1+2+3+4+5$ 的值。

```
In[6]:    sum = 0
          i = 1
          while i < 6:
```

```
              sum = sum + i
              i = i + 1
          print("sum is %d." % sum)
Out[6]:   sum is 15.
```

while 循环嵌套：语句块中的语句也可以是另一个 while 语句。

【例 2-7】　输出 20 以内能被 3 整除的数。

```
In[7]:    i = 0
          while i < 20:
              if i % 3 == 0:
                  print(i,end = " ")
              i = i + 1
Out[7]:   0 3 6 9 12 15 18
```

2) for 循环

for 循环的语法格式：

```
for v in Seq:
    for_block
```

其中，v 是循环变量；Seq 是序列类型，涵盖字符串、列表及元组，在每轮循环中，循环变量被设置为序列类型中的当前对象；for_block 是循环体，用来完成具体功能。

【例 2-8】　求 1+2+3+4+5 的值。

```
In[8]:    sum = 0
          for i in range(1,6):
              sum = sum + i
          print("1 + 2 + 3 + 4 + 5 =  %d." % sum)
Out[8]:   1 + 2 + 3 + 4 + 5 = 15.
```

本例中的 range() 函数返回一个可迭代对象，语法格式如下：

```
range(start, end, step)
```

参数说明：start 是数列开始值，默认值为 0；end 为终点值，不可缺省；step 是步长，默认值为 1。这个函数产生以 start 为起点，以 end 为终点(不包括 end)，以 step 为步长的 int 型列表对象。这里的 3 个参数可以是正整数、负整数或者 0。

【例 2-9】　将下面数组中的奇数变成它的平方，偶数保持不变。

```
In[9]:    x = [ 1,2,3,4,8,7, 22,33, 88]
          print("原数据:",x)
          for i in range(len(x)):
              if(x[i] % 2) != 0:            # 判读第 i 个元素是否为奇数
                  x[i] = x[i] * x[i]
          print("处理后:",x)
Out[9]:   原数据: [1, 2, 3, 4, 8, 7, 22, 33, 88]
          处理后: [1, 2, 9, 4, 8, 49, 22, 1089, 88]
```

2.2　内置数据类型

视频讲解

数据类型是一种值的集合以及定义在这种值上的一组操作。在 Python 中，最基本的数据类型是序列。序列中的成员有序排列，都可以通过下标偏移量访问它的一个或几个成员。除了前面已经介绍过的字符串，最常见的序列是列表和元组。

2.2.1　列表

列表是 Python 中最具灵活性的有序集合对象类型。和字符串不同的是，列表具有可变长度、异构以及任意嵌套列表的特点。列表是可变对象，支持在原处修改。

1. 列表的常用方法

（1）L. append(v)：把元素 v 添加到列表 L 的结尾，相当于 a[len(a)]＝v。

【例 2-10】　在列表中追加元素。

```
In[10]:    list = ['a', 'b', 'c', 'd']
           list.append('Baidu')
           print ("更新后的列表 : ", list)
Out[10]:   更新后的列表 : ['a', 'b', 'c', 'd', 'Baidu']
```

（2）L. insert(i,v)：将值 v 插入列表 L 的索引 i 处。

【例 2-11】　在列表中插入元素。

```
In[11]:    list = ['a', 'b', 'c', 'd']
           list.insert(1, 'Baidu')
           print ('列表插入元素后为 : ', list)
Out[11]:   列表插入元素后为 : ['a', 'Baidu', 'b', 'c', 'd']
```

（3）L. index(x)：返回列表中第一个值为 x 的元素的索引。

【例 2-12】　返回第一个指定值的索引。

```
In[12]:    list = ['a', 'b', 'c', 'd']
           print ('b 索引值为', list.index('b'))
Out[12]:   b 索引值为 1
```

如果没有匹配的元素，就会返回一个错误。

（4）L. remove(v)：从列表 L 中移除第一次找到的值 v。

【例 2-13】　删除列表中第一次找到的数值。

```
In[13]:    list = ['a', 'b', 'c', 'd']
           list. remove('d')
           print ("列表现在为 : ", list)
Out[13]:   列表现在为 : ['a', 'b', 'c']
```

（5）L. pop（[i]）：从列表的指定位置删除元素,并将其返回。如果没有指定索引,
L. pop（）返回最后一个元素。

【例 2-14】　删除列表中的指定元素。

```
In[14]:     list = ['a', 'b', 'c', 'd']
            p = list. pop()
            print ("删除 % r 后的列表为 % r : " % (p, list))
            print ("删除元素为 : ", list.pop(1))
Out[14]:    删除 'd' 后的列表为 ['a', 'b', 'c'] :
            删除元素为 : b
```

（6）L. reverse（）：倒排列表中的元素。

【例 2-15】　列表元素倒排。

```
In[15]:     List = ['a', 'b', 'c', 'd']
            List.reverse()
            List
Out[15]:    ['d', 'c', 'b', 'a']
```

（7）L. count（x）：返回 x 在列表中出现的次数。

【例 2-16】　返回列表中指定数组的出现次数。

```
In[16]:     list = ['a', 'b', 'c', 'd','a', 'b', 'c', 'a','c']
            print ("c 的出现次数是 : ", List.count("c"))
            print ("list 中一共有 % d 个 a : "% list.count('a'))
Out[16]:    c 的出现次数是 : 3
            list 中一共有 3 个 a
```

（8）L. sort（key = None,reverse = False）：对链表中的元素进行适当的排序。
reverse = True 为降序,reverse = False 为升序（默认）。

【例 2-17】　列表元素排序。

```
In[17]:     list = ['a', 'b', 'c', 'd']
            list. sort(reverse = True)
            list
Out[17]:    ['d', 'c', 'b', 'a']
```

2. 列表推导式

列表推导式提供了从序列创建列表的简单途径。通常应用程序将一些操作应用于
某个推导序列的每个元素,用其获得的结果作为生成新列表的元素,或者根据确定的判
定条件创建子序列。

语法格式为:

[< expr1 > for k in L if < expr2 >]

语义:

returnList = [ ]

```
for k in L:
    if < expr2 >:
        returnList. append(< expr1 >)
return returnList;
```

【例 2-18】　列表推导式示例。

```
In[18]:   vec = [2, 4, 6, 8, 10]
          print([3 * x for x in vec])
          vec = [2, 4, 6,8,10]
          print([3 * x for x in vec if x > 6])
          vec1 = [2, 4, 6]
          vec2 = [4, 3, - 9]
          print([x * y for x in vec1 for y in vec2 if x * y > 0])
Out[18]:  [6, 12, 18, 24, 30]
          [24, 30]
          [8, 6, 16, 12, 24, 18]
```

【例 2-19】　随机生成 30 个整数构成列表,并计算列表均值,然后使用列表中每个元素逐个减去均值所得的数值重新构建列表。

```
In[19]:   import random
          total = []
          for i in range(30):              # 随机生成 30 个 1～150 的整数
              total. append(random. randint(1,150))
          print("列表:", total)
          sum = 0
          for item in total:               # 列表元素求和
              sum = sum + item
          total_m = sum//len(total)        # 计算列表均值
          print("新列表:", [x - total_m for x in total])
Out[19]:  列表:[42, 70, 145, 47, 17, 72, 63, 108, 47, 5, 2, 61, 62, 3, 16, 51, 40, 144, 72,
          135, 66, 62, 89, 73, 90, 86, 124, 35, 2, 6]
          新列表:[ - 19, 9, 84, - 14, - 44, 11, 2, 47, - 14, - 56, - 59, 0, 1, - 58, - 45,
          - 10, - 21, 83, 11, 74, 5, 1, 28, 12, 29, 25, 63, - 26, - 59, - 55]
```

【例 2-20】　计算矩阵的转置矩阵。

```
In[20]:   matrix = [[1, 2, 3, 4],[5, 6, 7, 8],[9, 10, 11, 12]]
          print("原矩阵:",matrix)
          print("转置矩阵为:",[[row[i] for row in matrix] for i in range(4)])
Out[20]:  原矩阵:[[1, 2, 3, 4], [5, 6, 7, 8], [9, 10, 11, 12]]
          转置矩阵为:[[1, 5, 9], [2, 6, 10], [3, 7, 11], [4, 8, 12]]
```

2.2.2　元组

元组是一种固定长度、不可变的 Python 对象序列。元组有很多用途,例如坐标(x,y),数据库中的员工记录等。元组和字符串一样,不可改变,即不能给元组的一个独立的元素赋值。元组和列表的不同之处在于元组的元素不能修改,而且,元组用的是圆括号(),而列表用的是方括号[]。

【例 2-21】 元组的创建。

```
In[21]:    tup = tuple('bar')                      #创建元组
           print('输出元组 tup:',tup)               #输出元组
           nested_tup = (4,5,6),(7,8)
           print('输出元组 tup:',nested_tup)        #输出元素是元组
           print('元组的连接',tup + tuple('wwy'))    #元组的拆分
           a,b,c = tup
           print(a,b,c)
           print(tup.count(a))                     #统计某个数值在元组中出现的次数
Out[21]:   输出元组 tup: ('b', 'a', 'r')
           输出元组 tup: ((4, 5, 6), (7, 8))
           元组的连接 ('b', 'a', 'r', 'w', 'w', 'y')
           b a r
           1
```

2.2.3 字典

字典,也称映射,是一个由键/值对组成的非排序可变集合体。键/值对在字典中以下面的方式标记:

```
dict = {key1 : value1, key2 : value2 }
```

键/值对用冒号分隔,而各个元素之间用逗号分隔,所有元素都包括在花括号中。值得注意的是,字典中的键必须是唯一的,只能使用不可变的对象(例如字符串)来作为字典的键,字典中的键/值对是没有顺序的。表 2-6 中列出了字典的常用方法及描述。

表 2-6 字典的常用方法及描述

方 法	描 述
dict.get(key, default = None)	返回指定键的值,若值不在字典中则返回 default
dict.items()	以列表返回可遍历的(键,值)元组数组
dict.keys()	以列表返回一个字典中所有的键
dict.values()	以列表返回字典中的所有值

【例 2-22】 字典应用示例。

```
In[22]:    scientists = {'Newton' : 1642, 'Darwin' : 1809, 'Turing' : 1912}
           print('keys:', scientists.keys())       #返回字典中的所有键
           print('values:', scientists.values())   #返回字典中的所有值
           print('items:', scientists.items())     #返回所有键值对,形式(键, 值)
           print('get:', scientists.get('Curie', 1867))#get 方法
           temp = {'Curie' : 1867, 'Hopper' : 1906, 'Franklin' : 1920}
           scientists.update(temp)                  #用字典 temp 更新字典 scientists
           print('after update:', scientists)
           scientists.clear()                       #清空字典
           print('after clear:', scientists)
Out[22]:   keys: dict_keys(['Newton', 'Darwin', 'Turing'])
           values: dict_values([1642, 1809, 1912])
```

```
items: dict_items([('Newton', 1642), ('Darwin', 1809), ('Turing', 1912)])
get: 1867
after update: {'Newton': 1642, 'Darwin': 1809, 'Turing': 1912, 'Curie': 1867, '
Hopper': 1906, 'Franklin': 1920}
after clear: {}
```

2.2.4　集合

集合是一个由唯一元素组成的非排序集合体。也就是说,集合中的元素没有特定顺序且不重复。Python 使用{}或者 set()函数创建集合,但是,如果要创建一个空集合,则必须使用 set(),因为使用{}创建的是空字典。

【例 2-23】　集合用法示例。

```
In[23]:   set1 = set([0,1,2,3,4])
          set2 = set([1,3,5,7,9])
          print(set1.issubset(set2))
          print(set1.union(set2))
          print(set2.difference(set1))
          print(set1.issubset(set2))
Out[23]:  False
          {0, 1, 2, 3, 4, 5, 7, 9}
          {9, 5, 7}
          False
```

2.3　函数

视频讲解

函数是对程序逻辑进行过程化和结构化的一种方法。有了函数,可将大块的代码巧妙合理地分割成容易管理和维护的小块。因此,函数最大的优点是增强了代码的重用性和可读性。Python 不但能灵活地定义函数,而且本身内置了很多有用的函数,可以直接调用。

2.3.1　函数的定义

函数定义语法格式如下所示:

```
def function_name(arguments):
    function_block
```

关于函数定义的说明:

(1) 函数代码块以 def 关键词开头,后接函数标识符名称和圆括号()。

(2) function_name 是用户自定义的函数名称。

(3) arguments 是零个或多个参数,且任何传入参数必须放在圆括号内。

(4) 最后必须跟一个冒号(:),函数体从冒号开始,并且缩进。

(5) function_block 实现函数功能的语句块。

【例 2-24】 已知某职员一周的总薪水＝每小时的薪水×一周正常工作的小时数＋加班费。其中,加班费＝总的加班时间×每小时薪水的 1.5 倍。编写一个程序,要求分别提供每小时的薪水、常规工作时间、加班工作时间,计算该职员一周的总薪水。

```
In[24]:    # 提供正确的正常上班时间
           def week():
               while True:
                   try:
                       x = int(input("请输入本周常规工作时间(小时):"))
                       if x < 0:
                           print("一周常规工作时间不能小于 0 小时!")
                       elif x > 40:
                           print("一周常规工作时间不能超过 40 小时!")
                       else:
                           break
                   except ValueError:
                       print("输入错误! 请输入整数!")
               return x
           # 提供正确的加班时间
           def extrawork():
               while True:
                   try:
                       x = int(input("请输入本周加班时间(小时):"))
                       if x < 0:
                           print("一周的加班时间不能小于 0 小时!")
                       else:
                           break
                   except ValueError:
                       print("输入错误!请输入整数!")
               return x
           # 提供正确的时薪
           def salary():
               while True:
                   try:
                       x = float(input("请输入您的时薪:"))
                       if x < 0:
                           print("您的时薪不能小于 0!")
                       else:
                           break
                   except ValueError:
                       print("输入错误! 请输入整数!")
               return x
           # 主程序
           if __name__ == "__main__":
               print("-" * 30)
               week = week()
               print("您的常规上班时间是:%d 小时" % week)
               extrawork = extrawork()
               print("您的加班时间是:%d 小时" % extrawork)
```

```
        salary = salary()
        print("您的时薪是:%.2f 元/小时" % salary)
        print(" - " * 30)
        print("您的周工资是:%.2f 元" % ((week * salary) + (extrawork * 1.5 *
salary)))
Out[24]:  ------------------------------
        请输入本周常规工作时间(小时):4
        您的常规上班时间是:4 小时
        请输入本周加班时间(小时):5
        您的加班时间是:5 小时
        请输入您的时薪:6
        您的时薪是:6.00 元/小时
        ------------------------------
        您的周工资是:69.00 元
```

2.3.2　lambda 函数

Python 使用 lambda 来创建匿名函数,准确地说,lambda 只是一个表达式,函数体比 def 定义的函数简单得多,在 lambda 表达式中只能封装有限的逻辑。除此之外,lambda 函数拥有自己的命名空间,且不能访问自有参数列表之外或全局命名空间中的参数。

【例 2-25】　假如要编写函数实现计算多项式 $1+2x+y^2+zy$ 的值,可以简单地定义一个 lambda 函数来完成这个功能。

```
In[25]:   polynominal = lambda x,y,z: 1 + 2 * x + y ** 2 + z * y
        polynominal(1,2,3)
Out[25]:  13
```

2.4　文件操作

Python 提供了对文件进行基本操作的函数和方法。

2.4.1　文件处理过程

一般的文件处理过程为:
(1) 打开文件:open()函数。
(2) 读取/写入文件:read()、readline()、readlines()、write()等。
(3) 对读取到的数据进行处理。
(4) 关闭文件:close()。
对文件操作之前需要用 open()函数打开文件,打开之后将返回一个文件对象(file 对象)。open 函数的语法格式如下:

```
file_object = open(file_name [, access_mode = "r", buffering = -1])
```

其中,file_object 为打开的文件对象;file_name 是包含要打开的文件名路径(绝对路径,或是相对路径)的字符串,包含路径名及扩展名。其中一个可选参数 access_mode 是打开模式,默认值为"r",通常有"r""w""a"几种模式,分别表示只读、只写和追加;另一个可选参数 buffering 表示待打开文件的缓冲模式。

2.4.2　数据的读取方法

数据的读取方法见表 2-7。

表 2-7　数据读取方法描述

方　　法	描　　述
read([size])	读取文件所有内容,返回字符串类型,参数 size 表示读取的数量,以 byte 为单位,可以省略
readline([size])	读取文件一行的内容,以字符串形式返回,若定义了 size,则读出一行的一部分
readlines([size])	读取所有的行到列表里面[line1,line2,…,linen](文件每一行是 list 的一个成员),参数 size 表示读取内容的总长

【例 2-26】　读取 txt 文件。

所读取的 txt 文件内容如下所示。

```
In[26]:    file = open("泰戈尔的诗.txt",mode = 'r')
           content = file.read()
           print(content)
           file.close()
Out[26]:   #有这样一位诗人。他的诗,让世界上无数人,走出消极,甚至治愈了一个民族的痛。
           #他就是,诗人之王泰戈尔。
           #下面是泰戈尔的一些经典语录
           1.生如夏花之绚烂,死如秋叶之静美。
           2.眼睛为她下着雨,心却为她打着伞,这就是爱情。

           3.世界以痛吻我,我要报之以歌。
           4.###
           5.当你为错过太阳而哭泣的时候,你也要再错过群星了。
           6.我们把世界看错,反说它欺骗了我们。

           7.不要着急,最好的总会在最不经意的时候出现。
```

【例 2-27】 读取 txt 文件时指定读取数量。

```
In[27]:    f = open("泰戈尔的诗.txt",mode = 'r')
           content = f.read(10)           #设置读取内容的长度 size
           print(content)
           f.close()
           print(type(content))
Out[27]:   #有这样一位诗人.他
           <class 'str'>
```

【例 2-28】 按行读取 txt 文件。

```
In[28]:    f = open("泰戈尔的诗.txt",mode = 'r')
           content = f.readlines()
           print(content)
           f.close()
Out[28]:   ['#有这样一位诗人。他的诗,让世界上无数人,走出消极,甚至治愈了一个民族的痛。
           \n', '#他就是,诗人之王泰戈尔。\n', '#下面是泰戈尔的一些经典语录\n', '1. 生
           如夏花之绚烂,死如秋叶之静美。\n', '2. 眼睛为她下着雨,心却为她打着伞,这就是
           爱情。\n', '-\n', '3. 世界以痛吻我,我要报之以歌。\n', '4. # # #\n', '5. 当你为
           错过太阳而哭泣的时候,你也要再错过群星了。\n', '6. 我们把世界看错,反说它欺骗
           了我们。\n', '-\n', '7. 不要着急,最好的总会在最不经意的时候出现。']
           <class 'list'>
```

注：readlines() 读取后得到的是每行数据组成的列表,一行样本数据全部存储为一个字符串,换行符也未去掉。另外,每次用完文件后,都要关闭文件,否则,文件就会一直被 Python 占用,不能被其他进程使用。当然,可以使用 with open() as f 语句来解决这个问题,它会在操作后自动关闭文件。

2.4.3　读取 CSV 文件

CSV 文件也称为字符分隔值(Comma Separated Values,CSV)文件,因为分隔符除了逗号,还可以是制表符。CSV 是一种常用的文本格式,用以存储表格数据,包括数字或者字符。CSV 文件具有如下特点：

(1) 纯文本,使用某个字符集,例如 ASCII、Unicode 或 GB2312。

(2) 以行为单位读取数据,每行一条记录。

(3) 每条记录被分隔符分隔为字段。

(4) 每条记录都有同样的字段序列。

Python 内置了 csv 模块,import csv 之后就可以读取 CSV 文件了。

【例 2-29】 读取 CSV 文件。

```
In[29]:    import csv
           with open("student.csv", "r") as f:
               reader = csv.reader(f)
               rows = [row for row in reader]
           for item in rows:
                   print(item)
```

```
Out[29]:  ['No.', 'Name', 'Age', 'Score']          #第一行是标题
          ['1', 'mayi', '18', '99']
          ['2', 'jack', '21', '89']
          ['3', 'tom', '25', '95']
          ['4', 'rain', '19', '80']
```

2.4.4 文件写入与关闭

1. 文件的写入

write()函数用于向文件中写入指定字符串,同时需要将 open 函数中文件打开的参数设置为 mode=w。其中,write()是逐次写入,writelines()可将一个列表中的所有数据一次性写入文件。如果有换行需要,则需要在每条数据后增加换行符,同时用"字符串.join()"的方法将每个变量数据联合成一个字符串,并增加间隔符"\t"。此外,对于写入 CSV 文件的 writer 方法,可以调用 writerow 函数将列表中的每个元素逐行写入文件。

【例 2-30】　文件的写入。

```
In[30]:  import csv
         content = [['0', 'hanmeimei', '23', '81'],
                    ['1', 'mayi', '18', '99'],
                    ['2', 'jack', '21', '89'] ]
         f = open("test.csv", "w", newline = '')
         #如果不加 newline = "",就会出现空行
         content_out = csv.writer(f)          #生成 writer 对象存储器
         for con in content:
             content_out.writerow(con)
         f.close()
Out[30]:
```

```
📄 test.csv - 记事本
文件(F)  编辑(E)  格式(O)  查看(V)  帮助(H)
0, hanmeimei, 23, 81
1, mayi, 18, 99
2, jack, 21, 89
```

2. 关闭文件

文件操作完毕,一定要使用关闭文件函数,以便释放资源供其他程序使用。

【例 2-31】　跳过文件中的注释内容和缺失值。

```
In[31]:  def skip_header(f):
             line = f.readline()
             while line.startswith('#'):
                 line = f.readline()
             return line
         def process_file(f):
             #调用函数使其跳过文件头部
             line = skip_header(f).strip()
```

```
            print(line)                                    #打印第一行有用数据
            for line in f:
                if line.startswith(" - ") or line.startswith("#"):      #处理缺失值
                    line = f.readline()
                line = line.strip()
                print(line)
    if __name__ == "__main__":
        input_file = open("泰戈尔的诗a.txt", 'r')
        process_file(input_file)
        input_file.close()
```

Out[31]:　1. 生如夏花之绚烂,死如秋叶之静美。
　　　　 2. 眼睛为她下着雨,心却为她打着伞,这就是爱情。
　　　　 3. 世界以痛吻我,我要报之以歌。
　　　　 5. 当你为错过太阳而哭泣的时候,你也要再错过群星了。
　　　　 6. 我们把世界看错,反说它欺骗了我们。
　　　　 7. 不要着急,最好的总会在最不经意的时候出现。

2.5　本章小结

本章主要介绍了 Python 编程基础,主要包括 Python 的基本语法、内建数据结构、函数以及文件操作。

本章实训

众所周知,葡萄酒的价格是与其品质相关的,本实训根据表 2-8 中提供的数据对白葡萄酒品质数进行了分析与处理。

表 2-8　白葡萄酒的各项指标

变　量　名	含　　义
fixed acidity	固定酸度
volatile acidity	挥发性酸度
citric acid	柠檬酸
residual sugar	剩余糖
chlorides	氯化物
free sulfur dioxide	游离二氧化碳
total sulfur dioxide	总二氧化硫
density	密度
pH	值
sulphates	酸碱盐
alcohol	酒精
quality	品质

1. 读取数据

```
In[1]:      import csv
            f = open("white_wine.csv", "r")
            reader = csv.reader(f)
            data = []
            for row in reader:
                data.append(row)
            for i in range(5):                  # 显示 data 前 5 行
                print(data[i])
            f.close()
Out[1]:  ['fixed acidity', 'volatile acidity', 'citric acid', 'residual sugar', 'chlorides',
         'free sulfur dioxide', 'total sulfur dioxide', 'density', 'pH', 'sulphates', 'alcohol',
         'quality']
         ['7', '0.27', '0.36', '20.7', '0.045', '45', '170', '1.001', '3', '0.45', '8.8', '6']
         ['8.1', '0.28', '0.4', '6.9', '0.05', '30', '97', '0.9951', '3.26', '0.44', '10.1', '6']
         ['7.2', '0.23', '0.32', '8.5', '0.058', '47', '186', '0.9956', '3.19', '0.4', '9.9',
         '6'] ['7.2', '0.23', '0.32', '8.5', '0.058', '47', '186', '0.9956', '3.19', '0.4',
         '9.9', '6']
```

2. 处理数据

（1）查看白葡萄酒中总共分为几种品质等级。

```
In[2]:   quality_list = []
         for row in data[1:]:
             quality_list.append(int(row[-1]))             # 品质等级数据在最后一列
         quality_count = set(quality_list)
         print("白葡萄酒共有 %d 种等级,分别是: %r"
         % (len(quality_count),quality_count))
Out[2]:  白葡萄酒共有 7 种等级,分别是:{3, 4, 5, 6, 7, 8, 9}
```

（2）按白葡萄酒等级将数据集划分为 7 个子集,并统计每种等级的数量。

```
In[3]:   content_dict = {}
         for row in content[1:]:
             quality = int(row[-1])
             if quality not in content_dict.keys():
             # 用字典保存每个子集
                 content_dict[quality] = [row]
             else:
                 content_dict[quality].append(row)
         for key in content_dict:
             print(key,":", len(content_dict[key]))
Out[3]:  6 : 1539
         5 : 1020
         7 : 616
         8 : 123
```

```
          4 ： 115
          3 ： 14
          9 ： 4
```

（3）计算每个数据集中 fixed acidity 的均值。

```
In[4]:    mean_list = []
          for key, value in content_dict.items():
              sum = 0
              for row in value:
                  sum += float(row[0])              #fixed acidity 是第一列数据
              mean_list.append((key, sum/len(value)))
          for item in mean_list:                    #打印均值
              print(item[0],":",item[1])
Out[4]:   6 ： 6.812085769980511
          5 ： 6.907843137254891
          7 ： 6.755844155844158
          8 ： 6.708130081300811
          4 ： 7.052173913043476
          3 ： 7.535714285714286
          9 ： 7.5
```

第 **3** 章

NumPy数值计算基础

NumPy 是在 1995 年诞生的 Python 库 Numeric 的基础上建立起来的,但真正促使 NumPy 发行的是 Python 的 SciPy 库。SciPy 是 2001 年发行的一个类似于 MATLAB、Maple 和 Mathematica 等数学计算软件的 Python 库,它可以实现数值计算中的大多数功能,但 SciPy 中并没有合适的类似于 Numeric 中的对于基础数据对象处理的功能。于是,SciPy 的开发者将 SciPy 中的一部分和 Numeric 的设计思想结合,在 2005 年发行了 NumPy。

NumPy 是 Python 的一种开源的数值计算扩展库。它包含很多功能,如创建 n 维数组(矩阵)、对数组进行函数运算、数值积分、线性代数运算、傅里叶变换和随机数产生等。

标准的 Python 用 list(列表)保存值,可以当作数组使用,但因为列表中的元素可以是任何对象,所以浪费了 CPU 运算的时间和内存。NumPy 的诞生弥补了这些缺陷,它提供了两种基本的对象。

- ndarray(n-dimensional array object):是存储单一数据类型的多维数组;
- ufunc(universal function object):是一种能够对数组进行处理的函数。

NumPy 常用的导入格式:

```
import numpy as np
```

3.1 NumPy 多维数组

3.1.1 创建数组对象

视频讲解

通过 NumPy 库的 array 函数可以创建 ndarray 数组。通常来说,ndarray 是一个通用的同构数据容器,即其中的所有元素都需要相同的类型。NumPy 库能将数据(列表、元组、数组或其他序列类型)转换为 ndarray 数组。

1. 使用 array 函数创建数组对象

array 函数的格式：

```
np.array(object, dtype,ndmin)
```

array 函数的主要参数及其使用说明见表 3-1。

表 3-1　array 函数的主要参数及其说明

参 数 名 称	说　　　明
object	接收 array,表示想要创建的数组
dtype	接收 data-type,表示数组所需的数据类型,未给定则选择保存对象所需的最小类型,默认为 None
ndmin	接收 int,指定生成数组应该具有的最小维数,默认为 None

【例 3-1】　创建 ndarray 数组。

```
In[1]: import numpy as np
       data1 = [1,3,5,7]              # 列表
       w1 = np.array(data1)
       print('w1:',w1)
       data2 = (2,4,6,8)             # 元组
       w2 = np.array(data2)
       print('w2:',w2)
       data3 = [[1,2,3,4],[5,6,7,8]]  # 多维数组
       w3 = np.array(data3)
       print('w3:',w3)
Out[1]: w1: [1 3 5 7]
        w2: [2 4 6 8]
        w3: [[1 2 3 4]
             [5 6 7 8]]
```

在创建数组时,NumPy 会为新建的数组推断出一个合适的数据类型,并保存在 dtype 中,当序列中有整数和浮点数时,NumPy 会把数组的 dtype 定义为浮点数据类型。

【例 3-2】　在 array 函数中指定 dtype。

```
In[2]:  w3 = np.array([1,2,3,4],dtype = 'float64')
        print(w3.dtype)
Out[2]:  float64
```

2. 专门创建数组的函数

通过 array 函数使用已有的 Python 序列创建数组效率不高,因此,NumPy 提供了很多专门创建数组的函数。

1) arange 函数

arange 函数类似于 Python 的内置函数 range,但是 arange 主要用来创建数组。

【例 3-3】 使用 arange 创建数组。

```
In[3]:    warray = np.arange(10)
          print(warray)
Out[3]:   [0 1 2 3 4 5 6 7 8 9]
```

arange 函数可以通过指定起始值、终值和步长创建一维数组,创建的数组不包含终值。

【例 3-4】 指定起始值、终值及步长参数的 arange。

```
In[4]:    warray = np.arange(0,1,0.2)
          print(warray)
Out[4]:   [0. 0.2 0.4 0.6 0.8]
```

2) linspace 函数

当 arange 的参数是浮点型的时候,由于浮点的精度有限,通常不太可能去预测获得元素的数量。出于这个原因,通常选择更好的函数 linspace,它接收元素数量作为参数。linspace 函数通过指定起始值、终值和元素个数创建一维数组,默认包括终值。

【例 3-5】 使用 linspace 函数创建数组。

```
In[5]:    warray = np.linspace(0,1,5)
          print(warray)
Out[5]:   [0. 0.25 0.5 0.75 1. ]
```

3) logspace 函数

logspace 函数和 linspace 函数类似,不同点是它所创建的是等比数列。

【例 3-6】 使用 logspace 函数创建数组。

```
In[6]:    warray = np.logspace(0,1,5)
          #生成 1~10 的具有 5 个元素的等比数列
          print(warray)
Out[6]:   [1. 1.77827941 3.16227766 5.62341325?10.]
```

logspace 的参数中,起始位和终止位代表的是 10 的幂(默认基数为 10),第三个参数表示元素个数。

4) zeros 函数

zeros 函数可以创建指定长度或形状的全 0 数组。

【例 3-7】 使用 zeros 函数创建全零矩阵。

```
In[7]:    print(np.zeros(4))
          print(np.zeros([3,3]))
Out[7]:   [0. 0. 0. 0.]
          [[0. 0. 0.]
          [0. 0. 0.]
          [0. 0. 0.]]
```

5) ones 函数

ones 函数可以创建指定长度或形状的全 1 数组。

【例 3-8】 使用 ones 函数创建全 1 数组。

```
In[8]:    print(np.ones(5))
          print(np.ones([2,3]))
Out[8]:   [1. 1. 1. 1. 1.]
          [[1. 1. 1.]
           [1. 1. 1.]]
```

6）diag 函数

diag 函数可以创建对角矩阵，即对角线元素为 0 或指定值，其他元素为 0。

【例 3-9】　使用 diag 函数创建对角矩阵。

```
In[9]:    print(np.diag([1,2,3,4]))
Out[9]:   [[1 0 0 0]
           [0 2 0 0]
           [0 0 3 0]
           [0 0 0 4]]
```

此外，使用 eye 函数可创建一个对角线位置为 1、其他位置全为 0 的矩阵。

3.1.2　ndarray 对象属性和数据转换

NumPy 创建的 ndarray 对象属性主要有 shape、size 等属性，具体见表 3-2。

表 3-2　ndarray 对象属性及其说明

属　　性	说　　明
ndim	秩，即数据轴的个数
shape	数组的维度
size	数组元素个数
dtype	数据类型
itemsize	数组中每个元素的字节大小

【例 3-10】　查看数组的属性。

```
In[10]:   warray = np.array([[1,2,3],[4,5,6]])
          print('秩为:',warray.ndim)
          print('形状为:',warray.shape)
          print('元素个数为:',warray.size)
Out[10]:  秩为: 2
          形状为: (2, 3)
          元素个数为: 6
```

数组的 shape 可以重新设置。

【例 3-11】　设置数组的 shape 属性。

```
In[11]:   warray.shape = 3,2
          print(warray)
Out[11]:  [[1 2]
           [3 4]
           [5 6]]
```

对于创建好的数组 ndarray，可以通过 astype 方法进行数据类型的转换。

【例 3-12】 数组的类型转换。

```
In[12]:   arr1 = np.arange(6)
          print(arr1.dtype)
          arr2 = arr1.astype(np.float64)
          print(arr2.dtype)
Out[12]:  int32
          float64
```

3.1.3 生成随机数

在 NumPy.random 模块中,提供了多种随机数的生成函数,例如 randint 可以生成指定范围的随机整数。

用法:

```
np.random.randint(low,high = None,size = None)
```

【例 3-13】 生成随机整数。

```
In[13]:   arr = np.random.randint(100,200,size = (2,4))
          print(arr)
Out[13]:  [[197 129 112 153]
           [138 195 114 141]]
```

【例 3-14】 生成[0,1]的随机数组。

```
In[14]:   arr1 = np.random.rand(5)
          print(arr1)
          arr2 = np.random.rand(4,2)
          print(arr2)
Out[14]:  [0.13654637 0.09218044 0.44985683 0.24374376 0.60841164]
          [[0.07250518 0.50867613]
           [0.21831215 0.23476073]
           [0.81293096 0.92887008]
           [0.28339637 0.82806109]]
```

注:因为是随机数,每次运行代码生成的随机数组都不一样。表 3-3 列出了 random 模块常用的随机数生成方法。

表 3-3　random 模块常用的随机数生成函数

函　　数	说　　明
seed	确定随机数生成器的种子
permutation	返回一个序列的随机排列或返回一个随机排列的范围
shuffle	对一个序列进行随机排序
binomial	产生二项分布的随机数
normal	产生正态(高斯)分布的随机数
beta	产生 beta 分布的随机数
chisquare	产生卡方分布的随机数
gamma	产生 gamma 分布的随机数
uniform	产生在[0,1)中均匀分布的随机数

3.1.4 数组变换

1. 数组重塑

对于定义好的数组,可以通过 reshape 方法改变其数组维度,传入的参数为新维度的元组。

【例 3-15】 改变数组维度。

```
In[15]:    arr1 = np.arange(8)
           print(arr1)
           arr2 = arr1.reshape(4,2)
           print(arr1)
Out[15]:   [0 1 2 3 4 5 6 7]
           [[0 1]
            [2 3]
            [4 5]
            [6 7]]
```

reshape 中的一个参数可以设置为−1,表示数组的维度可以通过数据本身来推断。

【例 3-16】 reshape 的一个维度设置为−1。

```
In[16]:    arr1 = np.arange(12)
           print('arr1:',arr1)
           arr2 = arr1.reshape(2,−1)
           print('arr2:',arr2)
Out[16]:   arr1: [0 1 2 3 4 5 6 7 8 9 10 11]
           arr2: [[0 1 2 3 4 5]
                  [6 7 8 9 10 11]]
```

与 reshape 相反的方法是数据散开(ravel)或数据扁平化(flatten)。

【例 3-17】 数据散开。

```
In[17]:    arr1 = np.arange(12).reshape(3,4)
           print('arr1:',arr1)
           arr2 = arr1.ravel()
           print('arr2:',arr2)
Out[17]:   arr1: [[0 1 2 3]
            [4 5 6 7]
            [8 9 10 11]]
           arr2: [0 1 2 3 4 5 6 7 8 9 10 11]
```

需要注意的是,数据重塑不会改变原来的数组。

2. 数组合并

数组合并用于多个数组间的操作,NumPy 使用 hstack、vstack 和 concatenate 函数完成数组的合并。

横向合并是将 ndarray 对象构成的元组作为参数,传给 hstack 函数。

【例 3-18】 两个数组的横向合并。

```
In[18]:    arr1 = np.arange(6).reshape(3,2)
           arr2 = arr1 * 2
           arr3 = np.hstack((arr1,arr2))
           print(arr3)
Out[18]:   [[ 0 1 0 2]
            [ 2 3 4 6]
            [ 4 5 8 10]]
```

纵向合并是使用 vstack 将数组纵向合并。

【例 3-19】 数组纵向合并。

```
In[19]:    arr1 = np.arange(6).reshape(3,2)
           arr2 = arr1 * 2
           arr3 = np.vstack((arr1,arr2))
           print(arr3)
Out[19]:   [[ 0 1]
            [ 2 3]
            [ 4 5]
            [ 0 2]
            [ 4 6]
            [ 8 10]]
```

concatenate 函数可以实现数组的横向合并或纵向合并,其中的参数 axis＝1 时进行横向合并,axis＝0 时进行纵向合并。

【例 3-20】 使用 concatenate 函数合并数组。

```
In[20]:    arr1 = np.arange(6).reshape(3,2)
           arr2 = arr1 * 2
           print('横向合并为:',np.concatenate((arr1,arr2),axis = 1))
           print('纵向合并为:',np.concatenate((arr1,arr2),axis = 0))
Out[20]:   横向合并为:[[ 0 1 0 2]
                      [ 2 3 4 6]
                      [ 4 5 8 10]]
           纵向合并为:[[ 0 1]
                      [ 2 3]
                      [ 4 5]
                      [ 0 2]
                      [ 4 6]
                      [ 8 10]]
```

3. 数组分割

与数组合并相反,NumPy 提供了 hsplit、vsplit 和 split 分别实现数组的横向、纵向和指定方向的分割。

【例 3-21】 数组的分割。

```
In[21]:    arr = np.arange(16).reshape(4,4)
           print('横向分割为:\n',np.hsplit(arr,2))
```

```
            print('纵向组合为:\n',np.vsplit(arr,2))
Out[21]:  横向分割为:
          [array([[ 0,  1],
                  [ 4,  5],
                  [ 8,  9],
                  [12, 13]]),
          array([[ 2,  3],
                  [ 6,  7],
                  [10, 11],
                  [14, 15]])]
          纵向组合为:
          [array([[0, 1, 2, 3],
                  [4, 5, 6, 7]]),
          array([[ 8,  9, 10, 11],
                  [12, 13, 14, 15]])]
```

同样,split在参数 axis＝1时实现数组的横向分割,axis＝0时则进行纵向分割。

4. 数组转置和轴对换

数组转置是数组重塑的一种特殊形式,可以通过 transpose 方法进行转置。transpose 方法需要传入轴编号组成的元组。

【例 3-22】 数组使用 transpose 转置。

```
In[22]:   arr = np.arange(6).reshape(3,2)
          print('矩阵:',arr)
          print('转置矩阵:',arr.transpose((1,0)))
Out[22]:  矩阵: [[0 1]
                [2 3]
                [4 5]]
          转置矩阵: [[0 2 4]
                   [1 3 5]]
```

除了使用 transpose 外,可以直接使用数组的 T 属性进行数组转置。

【例 3-23】 数组的 T 属性转置。

```
In[23]:   print(arr.T)
Out[23]:  [[0 2 4]
           [1 3 5]]
```

ndarray 的 swapaxes 方法实现轴对换。

【例 3-24】 数组的轴对换。

```
In[24]:   arr = np.arange(6).reshape(3,2)
          print(arr)
          print(arr.swapaxes(0,1))
Out[24]:  [[0 1]
           [2 3]
           [4 5]]
          [[0 2 4]
           [1 3 5]]
```

视频讲解

3.2 数组的索引和切片

在数据分析中经常会选取符合条件的数据,NumPy 中通过数组的索引和切片进行数组元素的选取。

3.2.1 一维数组的索引

一维数组的索引类似于 Python 中的列表。

【例 3-25】 一维数组的索引。

```
In[25]:   arr = np.arange(10)
          print(arr)
          print(arr[2])
          print(arr[-1])
          print(arr[1:4])
Out[25]:  [0 1 2 3 4 5 6 7 8 9]
          2
          9
          [1 2 3]
```

数组的切片返回的是原始数组的视图,并不会产生新的数据,这就意味着在视图上的操作会使原数组发生改变。如果需要的并非视图而是要复制数据,则可以通过 copy 方法实现。

【例 3-26】 数组元素的复制。

```
In[26]:   arr1 = arr[-4:-1].copy()
          print(arr)
          print(arr1)
Out[26]:  [0 1 2 3 4 5 6 7 8 9]
          [6 7 8]
```

3.2.2 多维数组的索引

对于多维数组,它的每一个维度都有一个索引,各个维度的索引之间用逗号分隔。

【例 3-27】 多维数组的索引。

```
In[27]:   arr = np.arange(12).reshape(3,4)
          print(arr)
          print(arr[0,1:3])          #索引第 0 行中第 1 列到第 2 列的元素
          print(arr[:,2])            #索引第 2 列元素
          print(arr[:1,:1])          #第 0 行第 0 列元素
Out[27]:  [[ 0 1 2 3]
          [ 4 5 6 7]
          [ 8 9 10 11]]
          [1 2]
```

```
          [ 2 6 10]
          [[0]]
```

也可以使用整数函数和布尔值索引访问多维数组。

【例 3-28】　访问多维数组。

```
In[28]:    arr = np.arange(12).reshape(3,4)
           ♯从两个序列的对应位置取出两个整数来组成下标:arr[0,1],arr[1,3]
           print(arr)
           print('索引结果 1:',arr[(0,1),(1,3)])
           ♯索引第 1 行中第 0、2、3 列的元素
           print('索引结果 2:',arr[1:2,(0,2,3)])
           mask = np.array([1,0,1],dtype = np.bool)
           ♯mask 是一个布尔数组,它索引第 0、2 行中第 1 列元素
           print('索引结果 3:',arr[mask,1])
Out[28]:   [[ 0 1 2 3]
           [ 4 5 6 7]
           [ 8 9 10 11]]
           索引结果 1: [1 7]
           索引结果 2: [[4 6 7]]
           索引结果 3: [1 9]
```

3.3　数组的运算

视频讲解

数组的运算支持向量化运算,将本来需要在 Python 级别进行的运算放到 C 语言的运算中,会明显地提高程序的运算速度。

3.3.1　数组和标量间的运算

数组之所以很强大是因为不需要通过循环就可以完成批量计算,例如相同维度的数组的算术运算直接应用到元素中。

【例 3-29】　数组元素的追加。

```
In[29]:    a = [1,2,3]
           b = []
           for i in a:
               b.append(i * i)
           print('b 数组:',b)
           wy = np.array([1,2,3])
           c = wy * 2
           print('c 数组:',c)
Out[29]:   b 数组: [1, 4, 9]
           c 数组: [2 4 6]
```

3.3.2　ufunc 函数

ufunc 函数全称为通用函数,是一种能够对数组中的所有元素进行操作的函数。ufunc 函数针对数组进行操作,而且以 NumPy 数组作为输出。对一个数组进行重复运算时,使用 ufunc 函数比使用 math 库中的函数效率要高很多。

1. 常用的 ufunc 函数运算

常用的 ufunc 函数运算有四则运算、比较运算和逻辑运算。

(1) 四则运算:加(+)、减(−)、乘(*)、除(/)、幂(**)。数组间的四则运算表示对每个数组中的元素分别进行四则运算,所以形状必须相同。

(2) 比较运算:>、<、==、>=、<=、!=。比较运算返回的结果是一个布尔数组,每个元素为每个数组对应元素的比较结果。

(3) 逻辑运算:np.any 函数表示逻辑"or";np.all 函数表示逻辑"and",运算结果返回布尔值。

【例 3-30】　数组的四则运算。

```
In[30]:   x = np.array([1,2,3])
          y = np.array([4,5,6])
          print('数组相加结果:',x + y)
          print('数组相减结果:',x − y)
          print('数组相乘结果:',x * y)
          print('数组幂运算结果:',x ** y)
Out[30]:  数组相加结果: [5 7 9]
          数组相减结果: [− 3 − 3 − 3]
          数组相乘结果: [ 4 10 18]
          数组幂运算结果: [ 1 32 729]
```

ufunc 也可以进行比较运算,返回的结果是一个布尔数组,其中每个元素都是对应元素的比较结果。

【例 3-31】　数组的比较运算。

```
In[31]:   x = np.array([1,3,6])
          y = np.array([2,3,4])
          print('比较结果(<):',x < y)
          print('比较结果(>):',x > y)
          print('比较结果( == ):',x == y)
          print('比较结果(> = ):',x > y)
          print('比较结果(!= ):',x!= y)
Out[31]:  比较结果(<): [ True False False]
          比较结果(>): [False False True]
          比较结果( == ): [False True False]
          比较结果(> = ): [False True True]
          比较结果(!= ): [ True False True]
```

2. ufunc 函数的广播机制

广播(broadcasting)是指不同形状的数组之间执行算术运算的方式。广播机制需要遵循 4 个原则：

(1) 让所有输入数组都向其中 shape 最长的数组看齐，shape 中不足的部分都通过在前面加 1 补齐。

(2) 输出数组的 shape 是输入数组 shape 的各个轴上的最大值。

(3) 如果输入数组的某个轴和输出数组的对应轴的长度相同或者其长度为 1 时，这个数组能够用来计算，否则出错。

(4) 当输入数组的某个轴的长度为 1 时，沿着此轴运算时都用此轴上的第一组值。

【例 3-32】 ufunc 函数的广播。

```
In[32]:    arr1 = np.array([[0,0,0],[1,1,1],[2,2,2]])
           arr2 = np.array([1,2,3])
           print('arr1:\n',arr1)
           print('arr2:\n',arr2)
           print('arr1 + arr2:\n',arr1 + arr2)
Out[32]:   arr1:
           [[0 0 0]
           [1 1 1]
           [2 2 2]]
           arr2:
           [1 2 3]
           arr1 + arr2:
           [[1 2 3]
           [2 3 4]
           [3 4 5]]
```

3.3.3 条件逻辑运算

在 NumPy 中可以使用基本的逻辑运算实现数组的条件运算。

【例 3-33】 数组的逻辑运算。

```
In[33]:    arr1 = np.array([1,3,5,7])
           arr2 = np.array([2,4,6,8])
           cond = np.array([True,False,True,False])
           result = [(x if c else y)for x,y,c in zip(arr1,arr2,cond)]
           result
Out[33]:   [1, 4, 5, 8]
```

但这种方法对大规模数组处理效率不高，也无法用于多维数组。NumPy 提供的 where 方法可以克服这些问题。

where 的用法：

```
np.where(condition, x,y)
```

如果满足条件(condition)输出 x；不满足则输出 y。

【例 3-34】 where 的基本用法。

```
In[34]:    np.where([[True,False], [True,True]],[[1,2], [3,4]],[[9,8], [7,6]])
Out[34]:   array([[1, 8],
                  [3, 4]])
```

在这个例子中条件为[[True,False], [True,False]],分别对应最后输出结果的 4 个值,运算时第一个值从[1,9]中选,因为条件为 True,所以是选 1；第二个值从[2,8]中选,因为条件为 False,所以选 8,后面以此类推。

【例 3-35】 where 中只有 condition 参数。

```
In[35]:    w = np.array([2,5,6,3,10])
           np.where(w > 4)
Out[35]:   (array([1, 2, 4], dtype = int64),)
```

where 中若只有条件(condition),没有 x 和 y,则输出满足条件元素的坐标。这里的坐标以 tuple 的形式给出,通常原数组有多少维,输出的 tuple 中就包含几个数组,分别对应符合条件元素的各维坐标。

3.4 数组读/写

3.4.1 读/写二进制文件

NumPy 提供了多种文件操作函数存取数组内容。文件存取的格式分为两类:二进制和文本。二进制格式的文件又分为 NumPy 专用的格式化二进制类型和无格式类型。NumPy 中读/写二进制文件的方法有以下两种。

（1）NumPy.load（"文件名.npy"）：从二进制的文件中读取数据。

（2）NumPy.save（"文件名[.npy]",arr）：以二进制的格式保存数据。

它们会自动处理元素类型和 shape 等信息,使用它们读/写数组就非常方便。但是 np.save 输出的文件很难用其他语言编写的程序读入。

【例 3-36】 数组的读/写。

```
In[36]:    a = np.arange(1,13).reshape(3,4)
           print(a)
           np.save('arr.npy', a)        # np.save("arr", a)
           c = np.load( 'arr.npy' )
           print(c)
Out[36]:   [[ 1 2 3 4]
            [ 5 6 7 8]
            [ 9 10 11 12]]
           [[ 1 2 3 4]
            [ 5 6 7 8]
            [ 9 10 11 12]]
```

【例 3-37】　多个数组保存。

```
In[37]:    a = np.array([[1,2,3],[4,5,6]])
           b = np.arange(0, 1.0, 0.1)
           c = np.sin(b)                    #长度为10
           print(c)
           np.savez('result.npz', a, b, sin_array = c)
           r = np.load('result.npz')
           r['arr_0']                       #数组a
Out[37]:   [0.0.09983342 0.19866933 0.29552021
           0.38941834 0.47942554 0.56464247 0.64421769
           0.71735609 0.78332691]
           array([[1, 2, 3],
                  [4, 5, 6]])
```

3.4.2　读/写文本文件

NumPy 中读/写文本文件的主要方法有以下几种。

（1）NumPy.loadtxt("../tmp/arr.txt",delimiter＝",")：把文件加载到一个二维数组中。

（2）NumPy.savetxt("../tmp/arr.txt",arr,fmt＝"％d",delimiter＝",")：将数组写到某种分隔符隔开的文本文件中。

（3）NumPy.genfromtxt("../tmp/arr.txt"，delimiter＝",")：结构化数组和缺失数据。

【例 3-38】　读/写文本文件。

```
In[38]:    a = np.arange(0,12,0.5).reshape(4, -1)
           np.savetxt("a1-out.txt", a)
           #默认按照'%.18e'格式保存数值
           np.loadtxt("a1-out.txt")
           np.savetxt("a2-out.txt", a, fmt = "% d", delimiter = ",")
           #改为保存为整数,以逗号分隔
           np.loadtxt("a2-out.txt",delimiter = ",")
           # 读入的时候也需要指定逗号分隔
Out[38]:   array([[ 0., 0., 1., 1., 2., 2.],
                  [ 3., 3., 4., 4., 5., 5.],
                  [ 6., 6., 7., 7., 8., 8.],
                  [ 9., 9., 10., 10., 11., 11.]])
```

3.4.3　读取 CSV 文件

读取 CSV 文件格式：

```
loadtxt(fname, dtype = , comments = '#', delimiter = None, converters = None, skiprows = 0,
usecols = None, unpack = False, ndmin = 0, encoding = 'bytes')
```

主要参数及其说明见表 3-4。

表 3-4　主要参数及其说明

参　　数	使　用　说　明
fname	str，读取的 CSV 文件名
delimiter	str，数据的分隔符
usecols	tuple（元组），执行加载数据文件中的哪些列
unpack	bool，是否将加载的数据拆分为多个组，True 表示拆，False 表示不拆
skiprows	int，跳过多少行，一般用于跳过前几行的描述性文字
encoding	bytes，编码格式

3.5　NumPy 中的数据统计与分析

视频讲解

在 NumPy 中，数组运算更为简捷而快速，通常比等价的 Python 方式快很多，尤其在处理数组统计计算与分析的情况下。

3.5.1　排序

NumPy 的排序方式有直接排序和间接排序。直接排序是对数据直接进行排序，间接排序是指根据一个或多个键值对数据集进行排序。在 NumPy 中，直接排序经常使用 sort 函数，间接排序经常使用 argsort 函数和 lexsort 函数。

Sort 函数是最常用的排序方法，函数调用改变原始数组，无返回值。

格式：

```
numpy.sort(a,axis,kind,order)
```

主要参数及其说明见表 3-5。

表 3-5　sort 主要参数及其说明

参　　数	说　　明
a	要排序的数组
axis	使得 sort 函数可以沿着指定轴对数据集进行排序。axis＝1 为沿横轴排序；axis＝0 为沿纵轴排序；axis＝None，将数组平坦化之后进行排序
kind	排序算法，默认为 quicksort
order	如果数组包含字段，则是要排序的字段

【例 3-39】　使用 sort 函数进行排序。

```
In[39]:   arr = np.array([7,9,5,2,9,4,3,1,4,3])
          print('原数组:',arr)
          arr.sort()
          print('排序后:',arr)
Out[39]:  原数组: [7 9 5 2 9 4 3 1 4 3]
          排序后: [1 2 3 3 4 4 5 7 9 9]
```

【例3-40】 带轴向参数的 sort 排序。

```
In[40]:   arr = np.array([[4,2,9,5],[6,4,8,3],[1,6,2,4]])
          print('原数组:\n',arr)
          arr.sort(axis = 1)                    #沿横向排序
          print('横向排序后:\n',arr)
Out[40]:  原数组:
          [[4 2 9 5]
          [6 4 8 3]
          [1 6 2 4]]
          横向排序后:
          [[2 4 5 9]
          [3 4 6 8]
          [1 2 4 6]]
```

使用 argsort 和 lexsort 函数,可以在给定一个或多个键时,得到一个由整数构成的索引数组,索引值表示数据在新的序列中的位置。

【例3-41】 使用 argsort 函数进行排序。

```
In[41]:   arr = np.array([7,9,5,2,9,4,3,1,4,3])
          print('原数组:',arr)
          print('排序后:',arr.argsort())
          #返回值为数组排序后的下标排列
Out[41]:  原数组: [7 9 5 2 9 4 3 1 4 3]
          排序后: [7 3 6 9 5 8 2 0 1 4]
```

【例3-42】 使用 lexsort 排序。

```
In[42]:   a = np.array([7,2,1,4])
          b = np.array([5,2,6,7])
          c = np.array([5,2,4,6])
          d = np.lexsort((a,b,c))
          print('排序后:',list(zip(a[d],b[d],c[d])))
Out[42]:  排序后: [(2, 2, 2), (1, 6, 4), (7, 5, 5), (4, 7, 6)]
```

3.5.2　重复数据与去重

在数据统计分析中,需要提前将重复数据剔除。在 NumPy 中,可以通过 unique 函数找到数组中的唯一值并返回已排序的结果。

【例3-43】 数组内数据去重。

```
In[43]:   names = np.array(['红色','蓝色','黄色','白色','红色'])
          print('原数组:',names)
          print('去重后的数组:',np.unique(names))
Out[43]:  原数组: ['红色' '蓝色' '黄色' '白色' '红色']
          去重后的数组: ['白色' '红色' '蓝色' '黄色']
```

统计分析中有时需要把一个数据重复若干次,在 NumPy 中主要使用 tile 和 repeat 函数实现数据重复。

tile 函数的格式：

```
numpy.tile(A,reps)
```

其中参数 A 表示要重复的数组，reps 表示重复次数。

【例 3-44】 使用 tile 函数实现数据重复。

```
In[44]:    arr = np.arange(5)
           print('原数组:',arr)
           wy = np.tile(arr,3)
           print('重复数据处理:\n',wy)
Out[44]:   原数组: [0 1 2 3 4]
           重复数据处理:
           [0 1 2 3 4 0 1 2 3 4 0 1 2 3 4]
```

repeat 函数的格式：

```
numpy.repeat(a,reps,axis = None)
```

其中，参数"a"是需要重复的数组元素，参数 repeat 是重复次数，参数 axis 指定沿着哪个轴进行重复：axis＝0 表示按行进行元素重复，axis＝1 表示按列进行元素重复。

【例 3-45】 使用 repeat 函数实现数据重复。

```
In[45]:    arr = np.arange(5)
           print('原数组:',arr)
           wy = np.tile(arr,3)
           print('重复数据处理:\n',wy)
           arr2 = np.array([[1,2,3],[4,5,6]])
           print('重复数据处理:\n',arr2.repeat(2,axis = 0))
Out[45]:   原数组: [0 1 2 3 4]
           重复数据处理:
           [0 1 2 3 4 0 1 2 3 4 0 1 2 3 4]
           重复数据处理:
           [[1 2 3]
           [1 2 3]
           [4 5 6]
           [4 5 6]]
```

3.5.3 常用统计函数

NumPy 中提供了很多用于统计分析的函数，常见的有 sum、mean、std、var、min 和 max 等。几乎所有的统计函数在针对二维数组时都需要注意轴的概念。当 axis 参数为 0 时，表示沿着纵轴进行计算；当 axis＝1 时表示沿横轴进行计算。

【例 3-46】 NumPy 中常用函数的使用。

```
In[46]:    arr = np.arange(20).reshape(4,5)
           print('创建的数组:\n',arr)
           print('数组的和:',np.sum(arr))
```

```
         print('数组纵轴的和:',np.sum(arr,axis = 0))
         print('数组横轴的和:',np.sum(arr,axis = 1))
         print('数组的均值:',np.mean(arr))
         print('数组横轴的均值:',np.mean(arr,axis = 1))
         print('数组的标准差:',np.std(arr))
         print('数组横轴的标准差:',np.std(arr,axis = 1))
Out[46]:  创建的数组:
         [[ 0  1  2  3  4]
          [ 5  6  7  8  9]
          [10 11 12 13 14]
          [15 16 17 18 19]]
         数组的和: 190
         数组纵轴的和:[30 34 38 42 46]
         数组横轴的和:[10 35 60 85]
         数组的均值: 9.5
         数组横轴的均值:[ 2.  7.  12.  17.]
         数组的标准差: 5.766281297335398
         数组横轴的标准差:[1.41421356 1.41421356 1.41421356 1.41421356]
```

3.6 本章小结

本章重点介绍了 NumPy 的基础内容,主要包括数组及其索引、数组运算、数组读/写及常用的统计与分析方法。

本章实训

本实训读取 iris 数据集中鸢尾花的萼片、花瓣长度数据(已保存为 CSV 格式),并对其进行排序、去重,并求出和、累积和、均值、标准差、方差、最小值、最大值。

1. 导入模块

```
In[1]:   import numpy as np
         import csv
```

2. 获取数据

```
In[2]:   iris_data = []
         with open("iris.csv") as csvfile:
              # 使用 csv.reader 读取 csvfile 中的文件
              csv_reader = csv.reader(csvfile)
              # 读取第一行各列的标题
              birth_header = next(csv_reader)
              # 将 csv 文件中的数据保存到 birth_data 中
              for row in csv_reader:
```

```
                    iris_data.append(row)
Out[2]:  [['1', '5.1', '3.5', '1.4', '0.2', 'setosa'],
          ['2', '4.9', '3', '1.4', '0.2', 'setosa'],
          ['3', '4.7', '3.2', '1.3', '0.2', 'setosa'],
          ...
          ['148', '6.5', '3', '5.2', '2', 'virginica'],
          ['149', '6.2', '3.4', '5.4', '2.3', 'virginica'],
          ['150', '5.9', '3', '5.1', '1.8', 'virginica']]
```

3. 数据清理：去掉索引号

```
In[3]:   iris_list = []
         for row in iris_data:
             iris_list.append(tuple(row[1:]))
         iris_list
Out[3]:  [('5.1', '3.5', '1.4', '0.2', 'setosa'),
          ('4.9', '3', '1.4', '0.2', 'setosa'),
          ('4.7', '3.2', '1.3', '0.2', 'setosa'),
          ('4.6', '3.1', '1.5', '0.2', 'setosa'),
          ('5', '3.6', '1.4', '0.2', 'setosa'),
          ...
```

4. 数据统计

（1）创建数据类型。

```
In[4]:   datatype = np.dtype([("Sepal.Length", np.str_, 40),
                              ("Sepal.Width", np.str_, 40),
                              ("Petal.Length",np.str_, 40),
                              ("Petal.Width", np.str_, 40),
                              ("Species",np.str_, 40)] )
         print(datatype)
Out[4]:  [('Sepal.Length', '<U40'),
          ('Sepal.Width', '<U40'),
          ('Petal.Length', '<U40'),
          ('Petal.Width', '<U40'),
          ('Species', '<U40')]
```

（2）创建二维数组。

```
In[5]:   iris_data = np.array(iris_list,dtype = datatype)
         iris_data
Out[5]:  array([('5.1', '3.5', '1.4', '0.2', 'setosa'),
                ('4.9', '3', '1.4', '0.2', 'setosa'),
                ('4.7', '3.2', '1.3', '0.2', 'setosa'),
                ('4.6', '3.1', '1.5', '0.2', 'setosa'),
                ('5', '3.6', '1.4', '0.2', 'setosa'),
                ...])
```

（3）将待处理数据的类型转化为 float 类型。

```
In[6]:    PetalLength = iris_data["Petal.Length"].astype(float)
          PetalLength
Out[6]:   array([1. , 1.1, 1.2, 1.2, 1.3, 1.3, 1.3, 1.3, 1.3, 1.3, 1.3, 1.4, 1.4,
                 1.4, 1.4, 1.4, 1.4, 1.4, 1.4, 1.4, 1.4, 1.4, 1.4, 1.4, 1.5, 1.5,
                 1.5, 1.5, 1.5, 1.5, 1.5, 1.5, 1.5, 1.5, 1.5, 1.6, 1.6,
                 ...])
```

（4）排序。

```
In[7]:    np.sort(PetalLength)
Out[7]:   array([1. , 1.1, 1.2, 1.2, 1.3, 1.3, 1.3, 1.3, 1.3, 1.3, 1.3, 1.4, 1.4,
                 1.4, 1.4, 1.4, 1.4, 1.4, 1.4, 1.4, 1.4, 1.4, 1.4, 1.5, 1.5,
                 ...])
```

（5）数据去重。

```
In[8]:    np.unique(PetalLength)
Out[8]:   array([1. , 1.1, 1.2, 1.3, 1.4, 1.5, 1.6, 1.7, 1.9, 3. , 3.3, 3.5, 3.6,
                 3.7, 3.8, 3.9, 4. , 4.1, 4.2, 4.3, 4.4, 4.5, 4.6, 4.7, 4.8, 4.9,
                 5. , 5.1, 5.2, 5.3, 5.4, 5.5, 5.6, 5.7, 5.8, 5.9, 6. , 6.1, 6.3,
                 6.4, 6.6, 6.7, 6.9])
```

（6）对指定列求和、均值、标准差、方差、最小值及最大值。

```
In[9]:    np.sum(PetalLength)
Out[9]:   563.7
In[10]:   np.mean(PetalLength)
Out[10]:  3.7580000000000005
In[11]:   np.std(PetalLength)
Out[11]:  1.759404065775303
In[12]:   np.var(PetalLength)
Out[12]:  3.0955026666666665
In[13]:   np.min(PetalLength)
Out[13]:  1.0
In[14]:   np.max(PetalLength)
Out[14]:  6.9
```

第 **4** 章

Pandas统计分析基础

Pandas 是基于 NumPy 的数据分析模块，它提供了大量标准数据模型和高效操作大型数据集所需的工具，可以说 Pandas 是使得 Python 能够成为高效且强大的数据分析环境的重要因素之一。

导入方式：

```
import pandas as pd
```

视频讲解

4.1 Pandas 中的数据结构

Pandas 有三种数据结构：Series、DataFrame 和 Panel。Series 类似于数组；DataFrame 类似于表格；Panel 则可以视为 Excel 的多表单 Sheet。

4.1.1 Series

Series 是一种一维数组对象，包含一个值序列，并且包含数据标签，称为索引（index），通过索引来访问数组中的数据。

1. Series 的创建

1）通过列表创建

【例 4-1】 通过列表创建 Series。

```
In[1]:    import pandas as pd
          obj = pd.Series([1, -2, 3, -4])      #仅由一个数组构成
```

```
            print(obj)
Out[1]:     0         1
            1        -2
            2         3
            3        -4
            dtype: int64
```

输出的第一列为 index,第二列为数据 value。如果创建 Series 时没有指定 index,
Pandas 会采用整型数据作为该 Series 的 index。也可以使用 Python 里的索引 index 和
切片 slice 技术。

【例 4-2】　创建 Series 时指定索引。

```
In[2]:     i = ["a", "c", "d", "a"]
           v = [2, 4, 5, 7]
           t = pd.Series(v, index = i, name = "col")
           print(t)
Out[2]:    a     2
           c     4
           d     5
           a     7
           Name: col, dtype: int64
```

尽管创建 Series 时指定了 index 参数,实际上 Pandas 还是有隐藏的 index 位置信息
的。所以 Series 有两套描述某条数据的手段:位置和标签。

【例 4-3】　Series 位置和标签的使用。

```
In[3]:     val = [2, 4, 5, 6]
           idx1 = range(10, 14)
           idx2 = "hello the cruel world".split()
           s0 = pd.Series(val)
           s1 = pd.Series(val, index = idx1)
           t = pd.Series(val, index = idx2)
           print(s0.index)
           print(s1.index)
           print(t.index)
           print(s0[0])
           print(s1[10])
           print('default:',t[0],'label:',t["hello"])
Out[3]:    RangeIndex(start = 0, stop = 4, step = 1)
           RangeIndex(start = 10, stop = 14, step = 1)
           Index(['hello', 'the', 'cruel', 'world'], dtype = 'object')
           2
           2
           default: 2 label: 2
```

2) 通过字典创建

如果数据被存放在一个 Python 字典中,也可以直接通过这个字典来创建 Series。

【例 4-4】　通过字典创建 Series。

```
In[4]:     sdata = {'Ohio': 35000, 'Texas': 71000, 'Oregon': 16000, 'Utah': 5000}
           obj3 = pd.Series(sdata)
```

```
          print(obj3)
Out[4]:   Ohio        35000
          Texas       71000
          Oregon      16000
          Utah         5000
          dtype: int64
```

如果只传入一个字典,则结果 Series 中的索引就是原字典的键(有序排列)。

【例 4-5】 通过字典创建 Series 时的索引。

```
In[5]:    sdata = {"a" : 100, "b" : 200, "e" : 300}
          obj3 = pd.Series(sdata)
          print(obj3)
Out[5]:   a      100
          b      200
          e      300
          dtype: int64
```

如果字典中的键值和指定的索引不匹配,则对应的值是 NaN(即"非数字"(not a number))。

【例 4-6】 键值和指定的索引不匹配。

```
In[6]:    sdata = {"a" : 100, "b" : 200, "e" : 300}
          letter = ["a", "b","c" , "e" ]
          obj = pd.Series(sdata, index = letter)
          print(obj)
Out[6]:   a      100.0
          b      200.0
          c       NaN
          e      300.0
          dtype: float64
```

对于许多应用而言,Series 重要的一个功能是:它在算术运算中会自动对齐不同索引的数据。

【例 4-7】 不同索引数据的自动对齐。

```
In[7]:    sdata = {'Ohio': 35000, 'Texas': 71000, 'Oregon': 16000, 'Utah': 5000}
          obj1 = pd.Series(sdata)
          states = ['California', 'Ohio', 'Oregon', 'Texas']
          obj2 = pd.Series(sdata, index = states)
          print(obj1 + obj2)
Out[7]:   California    NaN
          Ohio        70000.0
          Oregon      32000.0
          Texas      142000.0
          Utah          NaN
          dtype: float64
```

Series 的索引可以通过赋值的方式就地修改。

【例 4-8】 Series 索引的修改。

```
In[8]:    obj = pd.Series([4,7,-3,2])
          obj.index = ['Bob', 'Steve', 'Jeff', 'Ryan']
          print(obj)
Out[8]:   Bob       4
          Steve     7
          Jeff     -3
          Ryan      2
          dtype: int64
```

4.1.2 DataFrame

DataFrame 是一个表格型的数据结构,它含有一组有序的列,每列可以是不同类型的值(数值、字符串、布尔值等)。DataFrame 既有行索引也有列索引,它可以被看作由 Series 组成的字典(共用同一个索引)。跟其他类似的数据结构相比(如 R 的 data.frame),DataFrame 中面向行和面向列的操作基本上是平衡的。

DataFrame 创建

构建 DataFrame 的方式有很多,最常用的是直接传入一个由等长列表或 NumPy 数组组成的字典来形成 DataFrame。

【例 4-9】 DataFrame 的创建。

```
In[9]:   data = {
                 'name':['张三', '李四', '王五', '小明'],
                 'sex':['female', 'female', 'male', 'male'],
                 'year':[2001, 2001, 2003, 2002],
                 'city':['北京', '上海', '广州', '北京']
         }
         df = pd.DataFrame(data)
         print(df)
Out[9]:      name      sex    year    city
         0   张三     female   2001    北京
         1   李四     female   2001    上海
         2   王五      male    2003    广州
         3   小明      male    2002    北京
```

DataFrame 会自动加上索引(跟 Series 一样),且全部列会被有序排列。如果指定了列名序列,则 DataFrame 的列就会按照指定顺序进行排列。

【例 4-10】 DataFrame 的索引。

```
In[10]:   df1 = pd.DataFrame(data, columns = ['name', 'year', 'sex', 'city'])
          print(df1)
Out[10]:      name    year     sex     city
          0   张三    2001    female    北京
          1   李四    2001    female    上海
```

```
            2    王五     2003    male      广州
            3    小明     2002    male      北京
```

跟 Series 一样,如果传入的列在数据中找不到,就会产生 NaN 值。

【例 4-11】 DataFrame 创建时的空缺值。

```
In[11]:    df2 = pd.DataFrame(data, columns = ['name', 'year', 'sex', 'city','address'])
           print(df2)
Out[11]:        name    year     sex     city    address
           0    张三     2001    female    北京      NaN
           1    李四     2001    female    上海      NaN
           2    王五     2003    male      广州      NaN
           3    小明     2002    male      北京      NaN
```

DataFrame 构造函数的 columns 函数给出列的名字,index 给出 label 标签。

【例 4-12】 DataFrame 创建时指定列名。

```
In[12]:    df3 = pd.DataFrame(data, columns = ['name', 'sex', 'year', 'city'],
           index = ['a', 'b', 'c', 'd'])
           print(df3)
Out[12]:        name     sex     year    city
           a    张三     female   2001    北京
           b    李四     female   2001    上海
           c    王五     male     2003    广州
           d    小明     male     2002    北京
```

4.1.3 索引对象

Pandas 的索引对象负责管理轴标签和其他元数据(例如轴名称等)。构建 Series 或 DataFrame 时,所用到的任何数组或其他序列的标签都会被转换成一个 Index。

【例 4-13】 显示 DataFrame 的索引和列。

```
In[13]:    print(df3)
           print(df3.index)
           print(df3.columns)
Out[13]:        name     sex     year    city
           a    张三     female   2001    北京
           b    李四     female   2001    上海
           c    王五     male     2003    广州
           d    小明     male     2002    北京
           Index(['a', 'b', 'c', 'd'], dtype = 'object')
           Index(['name', 'sex', 'year', 'city'], dtype = 'object')
```

索引对象不能进行修改,否则会报错,因此用户不能对其进行修改。不可修改性非常重要,因为这样才能使 Index 对象在多个数据结构之间安全共享。

除了长得像数组,Index 的功能也类似于一个固定大小的集合。

【**例 4-14**】 DataFrame 的 Index。

```
In[14]:   print('name' in df3.columns)
          print('a' in df3.index)
Out[14]:  True
          True
```

每个索引都有一些方法和属性,它们可用于设置逻辑并回答有关该索引所包含的数据的常见问题。Index 的常用方法和属性见表 4-1。

表 4-1　Index 的常用方法和属性

方　　法	属　　性
append	连接另一个 Index 对象,产生一个新的 Index
diff	计算差集,并得到一个 Index
intersection	计算交集
union	计算并集
isin	计算一个指示各值是否都包含在参数集合中的布尔型数组
delete	删除索引 i 处的元素,并得到新的 Index
drop	删除传入的值,并得到新的 Index
insert	将元素插入索引 i 处,并得到新的 Index
is_monotonic	当各元素均大于或等于前一个元素时,返回 True
is. unique	当 Index 没有重复值时,返回 True
unique	计算 Index 中唯一值的数组

【**例 4-15**】 插入索引值。

```
In[15]:   df3.index.insert(1,'w')
Out[15]:  Index(['a', 'w', 'b', 'c', 'd'], dtype = 'object')
```

4.1.4　查看 DataFrame 的常用属性

DataFrame 的基础属性有 values、index、columns、dtypes、ndim 和 shape,分别可以获取 DataFrame 的元素、索引、列名、类型、维度和形状。

【**例 4-16**】 显示 DataFrame 的属性。

```
In[16]:   print(df)
          print('信息表的所有值为:\n',df.values)
          print('信息表的所有列为:\n',df.columns)
          print('信息表的元素个数为:\n ',df.size)
          print('信息表的维度是:\n ',df.ndim)
          print('信息表的形状为:',df.shape)
Out[16]:       name   year    sex    city
          0    张三    2001   female   北京
          1    李四    2001   female   上海
          2    王五    2003   male    广州
          3    小明    2002   male    北京
```

　　　　　　信息表的所有值为:
　　　　　　[['张三' 2001 'female' '北京']
　　　　　　 ['李四' 2001 'female' '上海']
　　　　　　 ['王五' 2003 'male' '广州']
　　　　　　 ['小明' 2002 'male' '北京']]
　　　　　　信息表的所有列为:
　　　　　　Index(['name', 'year', 'sex', 'city'], dtype = 'object')
　　　　　　信息表的元素个数为: 16
　　　　　　信息表的维度是: n 2
　　　　　　信息表的形状为: (4, 4)

4.2　Pandas 索引操作

4.2.1　重建索引

　　索引对象是无法修改的,因此,重建索引是指对索引重新排序而不是重新命名,如果某个索引值不存在的话,会引入缺失值。

【例 4-17】　重建索引。

```
In[17]:    obj = pd.Series([7.2, - 4.3,4.5,3.6],index = ['b', 'a', 'd', 'c'])
           print(obj)
           obj.reindex(['a','b','c','d','e'])
Out[17]:   b    7.2
           a   - 4.3
           d    4.5
           c    3.6
           dtype: float64
           a   - 4.3
           b    7.2
           c    3.6
           d    4.5
           e    NaN
           dtype: float64
```

对于重建索引引入的缺失值,可以使用 fill_value 参数填充。

【例 4-18】　重建索引时填充缺失值。

```
In[18]:    obj.reindex(['a', 'b', 'c', 'd', 'e'], fill_value = 0)
Out[18]:   a   - 4.3
           b    7.2
           c    3.6
           d    4.5
           e    0.0
           dtype: float64
```

对于顺序数据,例如时间序列,重建索引时可能需要进行插值或填值处理,使用参数

method 选项可以设置：

 ✒ method＝'ffill'或'pad'，表示前向值填充。

 ✒ method＝'bfill'或'backfill'，表示后向值填充。

【例 4-19】　缺失值的前向填充。

```
In[19]:     import numpy as np
            obj1 = pd.Series(['blue','red','black'],index = [0,2,4])
            obj1.reindex(np.arange(6),method = 'ffill')
Out[19]:    0    blue
            1    blue
            2     red
            3     red
            4    black
            5    black
            dtype: object
```

【例 4-20】　缺失值的后向填充。

```
In[20]:     obj2 = pd.Series(['blue','red','black'],index = [0,2,4])
            obj2.reindex(np.arange(6),method = 'backfill')
Out[20]:    0    blue
            1     red
            2     red
            3    black
            4    black
            5    NaN
            dtype: object
```

对于 DataFrame，reindex 可以修改（行）索引、列，或两个都修改。如果仅传入一个序列，则结果中的行会重建索引。

【例 4-21】　DataFrame 数据。

```
In[21]:     df4 = pd.DataFrame(np.arange(9).reshape(3,3),
            index = ['a','c','d'],columns = ['one','two','four'])
            print(df4)
Out[21]:       one    two    four
            a   0      1      2
            c   3      4      5
            d   6      7      8
```

默认对行索引重新排序。

【例 4-22】　reindex 操作。

```
In[22]:     df4.reindex(index = ['a','b','c','d'],columns = ['one','two','three','four'])
Out[22]:
```

	one	two	three	four
a	0.0	1.0	NaN	2.0
b	NaN	NaN	NaN	NaN
c	3.0	4.0	NaN	5.0
d	6.0	7.0	NaN	8.0

传入 fill_value ＝ n 用 n 代替缺失值。

【例 4-23】 传入 fill_value ＝ n 填充缺失值。

```
In[23]:    df4.reindex(index = ['a','b','c','d'],columns = ['one','two','three','four'],
           fill_value = 100)
Out[23]:
```

	one	two	three	four
a	0	1	100	2
b	100	100	100	100
c	3	4	100	5
d	6	7	100	8

reindex 的常用参数及其说明见表 4-2。

表 4-2　reindex 的常用参数及其说明

参　　数	说　　明
index	用于索引的新序列
method	插值（填充）方式
fill_value	缺失值替换值
limit	最大填充量
level	在 Multiindex 的指定级别上匹配简单索引，否则选取其子集
copy	默认为 True，无论如何都复制；如果为 False，则新旧相等时就不复制

4.2.2　更换索引

在 DataFrame 数据中，如果不希望使用默认的行索引，则可以在创建时通过 Index 参数来设置。有时希望将列数据作为索引，则可以通过 set_index 方法来实现。

【例 4-24】 更换索引。

```
In[24]:    df5 = df1.set_index('city')
           print(df5)
Out[24]: city      name      year      sex
         北京        张三       2001     female
         上海        李四       2001     female
         广州        王五       2003      male
         北京        小明       2002      male
```

与 set_index 方法相反的方法是 reset_index 方法。

4.3　DataFrame 数据的查询与编辑

4.3.1　DataFrame 数据的查询

视频讲解

在数据分析中，选取需要的数据进行分析处理是最基本的操作。在 Pandas 中需要通过索引完成数据的选取。

1. 选取列

通过列索引标签或以属性的方式可以单独获取 DataFrame 的列数据，返回的数据为 Series 类型数据。

【例 4-25】　选取列数据。

```
In[25]:   w1 = df['name']
          print('选取 1 列数据:\n',w1)
          w2 = df[['name','year']]
          print('选取 2 列数据:\n',w2)
Out[25]:  选取 1 列数据:
          0     张三
          1     李四
          2     王五
          3     小明
          Name: name, dtype: object
          选取 2 列数据:
                name    year
          0     张三     2001
          1     李四     2001
          2     王五     2003
          3     小明     2002
```

在选取列时注意不能使用切片方式。

2. 选取行

通过行索引或行索引位置的切片形式可以选取行数据。

【例 4-26】　选取行数据。

```
In[26]:   print(df)
          print('显示前 2 行:\n',df[:2])
          print('显示 2～3 两行:\n',df[1:3])
Out[26]:       name    year    sex      city
          0    张三     2001    female    北京
          1    李四     2001    female    上海
          2    王五     2003    male      广州
          3    小明     2002    male      北京
          显示前 2 行:
               name    year    sex      city
          0    张三     2001    female    北京
          1    李四     2001    female    上海
          显示 2～3 两行:
               name    year    sex      city
          1    李四     2001    female    上海
          2    王五     2003    male      广州
```

除了通过上述方法获取行之外，通过 DataFrame 提供的 head 和 tail 方法可以得到多行数据,但是用这两种方法得到的数据都是从开始或者末尾获取连续的数据,而使用 sample 可以随机抽取数据并显示。

```
head()        #默认获取前 5 行
head(n)       #获取前 n 行
tail()        #默认获取后 5 行
tail(n)       #获取后 n 行
sample(n)     #随机抽取 n 行显示
```

3. 选取行和列

切片方法选取行有很大的局限性,例如获取单独的几行,可以通过 Pandas 提供的 loc 和 iloc 方法实现。

用法:

```
DataFrame.loc(行索引名称或条件,列索引名称)
DataFrame.iloc(行索引位置,列索引位置)
```

【例 4-27】 loc 选取行和列。

```
In[27]:   print(df5.loc[:,['name','year']] )
          #显示 name 和 year 两列
          print(df5.loc[['北京','上海'],['name','year']] )
          #显示北京和上海行中的 name 和 year 两列
Out[27]:            name      year
          city
          北京        张三        2001
          上海        李四        2001
          广州        王五        2003
          北京        小明        2002
                     name      year
          city
          北京        张三        2001
          北京        小明        2002
          上海        李四        2001
```

【例 4-28】 使用 iloc 选取行和列。

```
In[28]:   print(df5.iloc[:,2] )
          #显示前两列
          print(df5.iloc[[1,3]])
          #显示第 1 和第 3 行
          print(df5.iloc[[1,3],[1,2]])
Out[28]:  city
          北京        2001
          上海        2001
          广州        2003
          北京        2002
          Name: year, dtype: int64
                     name      sex       year
```

```
city
上海      李四     female    2001
北京      小明     male      2002
                 sex       year
city
上海      female   2001
北京      male     2002
```

DataFrame 行和列的选择还可以通过 ix 方法轻松实现,ix 方法同时支持索引标签和索引位置来进行数据选取。

【例 4-29】　ix 选取行和列。

```
In[29]:    print('显示前 2 行:\n',df5.ix[1:3,['name','year']])
Out[29]:   显示前 2 行:
           city     name      year
           上海      李四       2001
           广州      王五       2003
```

4. 布尔选择

在 Pandas 中可以对 DataFrame 中的数据进行布尔选择,常用的布尔运算符为不等于(!=)、与(&)、或(|)等。

【例 4-30】　布尔选择。

```
In[30]:    df5[df5['year']==2001]
Out[30]:
```

city	name	year	sex
北京	张三	2001	female
上海	李四	2001	female

4.3.2　DataFrame 数据的编辑

编辑 DataFrame 中的数据是将需要编辑的数据提取出来,重新赋值。

1. 增加数据

增加一行直接通过 append 方法传入字典结构数据即可,参数 ignore index 用以设置是否忽略原 index。

【例 4-31】　增加一行数据。

```
In[31]:    data1 = {'city':'兰州','name':'李红','year':2005,'sex':'female'}
           df5.append(data1,ignore_index = True)
Out[31]:
```

	name	year	sex	city
0	张三	2001	female	NaN
1	李四	2001	female	NaN
2	王五	2003	male	NaN
3	小明	2002	male	NaN
4	李红	2005	female	兰州

增加列时,只需为新增的列赋值即可,若要指定新增列的位置,可以用 insert 函数实现。

【例 4-32】 增加一列并赋值。

```
In[32]:   df5['score'] = [85,78,96,80]
          df5.insert(1,'no',['001','002','003','004'])
          display(df5)
Out[32]:          name      no     year      sex     score
          city
          北京      张三      001    2001    female      85
          上海      李四      002    2001    female      78
          广州      王五      003    2003    male        96
          北京      小明      004    2002    male        80
```

2. 删除数据

删除数据直接用 drop 方法,行列数据通过 axis 参数确定删除的是行还是列。默认数据删除不修改原数据,如果在原数据上删除则需要设置参数 inplace=True。

【例 4-33】 删除数据的行。

```
In[33]:   print(df5.drop('广州'))
Out[33]:          name      no     sex      year     score
          city
          北京      张三      001    female    2001      85
          上海      李四      002    female    2001      78
          北京      小明      004    male      2002      80
```

【例 4-34】 删除数据的列。

```
In[34]:   df5.drop('sex',axis = 1,inplace = True)
          display(df5)
Out[34]:          name      no     year     score
          city
          北京      张三      001    2001      85
          上海      李四      002    2001      78
          广州      王五      003    2003      96
          北京      小明      004    2002      80
```

3. 修改数据

修改数据时对选择的数据赋值即可。需要注意的是,数据修改是直接对 DataFrame 数据修改,操作无法撤销,因此更改数据时要做好数据备份。

4.4 Pandas 数据运算

视频讲解

4.4.1 算术运算

Pandas 的数据对象在进行算术运算时,如果有相同索引则进行算术运算,如果没有则会进行数据对齐,但会引入缺失值。

【**例 4-35**】 Series 相加。

```
In[35]:    obj1 = pd.Series([5.1, -2.6, 7.8, 10], index = ['a', 'c', 'g', 'f'])
           print('obj1:\n', obj1)
           obj2 = pd.Series([2.6, -2.8, 3.7, -1.9], index = ['a', 'b', 'g', 'h'])
           print('obj2:\n', obj2)
           print(obj1 + obj2)
Out[35]:   obj1:
           a     5.1
           c    -2.6
           g     7.8
           f    10.0
           dtype: float64
           obj2:
           a     2.6
           b    -2.8
           g     3.7
           h    -1.9
           dtype: float64
           a     7.7
           b     NaN
           c     NaN
           f     NaN
           g    11.5
           h     NaN
           dtype: float64
```

对于 DataFrame,数据对齐操作会同时发生在行和列上。

【**例 4-36**】 DataFrame 类型的数据相加。

```
In[36]:    a = np.arange(6).reshape(2,3)
           b = np.arange(4).reshape(2,2)
           df1 = pd.DataFrame(a, columns = ['a', 'b', 'e'], index = ['A', 'C'])
           print('df1:\n', df1)
           df2 = pd.DataFrame(b, columns = ['a', 'b'], index = ['A', 'D'])
           print('df2:\n', df2)
           print('df1 + df2:\n', df1 + df2)
Out[36]:   df1:
              a  b  e
           A  0  1  2
           C  3  4  5
           df2:
```

```
        a   b
A       0   1
D       2   3
df1 + df2:
        a    b     e
A      0.0  2.0   NaN
C      NaN  NaN   NaN
D      NaN  NaN   NaN
```

4.4.2 函数应用和映射

在数据分析时,经常会对数据进行较复杂的运算,此时需要定义函数。定义好的函数可以应用到 Pandas 数据中,有三种方法可以实现。

(1) map 函数:将函数套用到 Series 的每个元素中。

(2) apply 函数:将函数套用到 DataFrame 的行与列上,行与列通过 axis 参数设置。

(3) applymap 函数:将函数套用到 DataFrame 的每个元素上。

【例 4-37】 将水果价格表中的"元"去掉。

```
In[37]:  data = {'fruit':['apple','grape','banana'],'price':['30元','43元','28元']}
         df1 = pd.DataFrame(data)
         print(df1)
         def f(x):
             return x.split('元')[0]
         df1['price'] = df1['price'].map(f)
         print('修改后的数据表:\n',df1)
Out[37]:      fruit price
         0    apple    30元
         1    grape    43元
         2    banana   28元
         修改后的数据表:
              fruit price
         0    apple    30
         1    grape    43
         2    banana   28
```

【例 4-38】 apply 函数的使用方法。

```
In[38]:  df2 = pd.DataFrame(np.random.randn(3,3),columns = ['a','b','c'],
         index = ['app','win','mac'])
         print(df2)
         df2.apply(np.mean)
Out[38]:              a         b         c
```

```
app    2.312472    0.866631  - 1.416253
win    0.212932    0.517418    0.239052
mac    0.434540    1.856411  - 0.441800
a      0.986648
b      1.080154
c    - 0.539667
dtype: float64
```

applymap 函数可以作用于每个元素,对整个 DataFrame 数据进行批量处理。

【例 4-39】　applymap 函数的用法。

```
In[39]:    print(df2)
           df2.applymap(lambda x:'%.3f'% x)
Out[39]:              a           b          c
           app  2.312472   0.866631  -1.416253
           win  0.212932   0.517418   0.239052
           mac  0.434540   1.856411  -0.441800
```

	a	b	c
app	2.312	0.867	-1.416
win	0.213	0.517	0.239
mac	0.435	1.856	-0.442

4.4.3　排序

在 Series 中,通过 sort_index 方法对索引进行排序,默认为升序,降序排序时加参数 ascending=False。

【例 4-40】　Series 的排序。

```
In[40]:    wy = pd.Series([1, - 2,4, - 4],index = ['c','b','a','d'])
           print(wy)
           print('排序后的 Series:\n',wy.sort_index())
Out[40]:   c    1
           b  - 2
           a    4
           d  - 4
           dtype: int64
           排序后的 Series:
           a    4
           b  - 2
           c    1
           d  - 4
           dtype: int64
```

通过 sort_values 方法对数值进行排序。

【例 4-41】 对 Series 的数值排序。

```
In[41]:    print('值排序后的 Series:\n',wy.sort_values())
Out[41]:   值排序后的 Series:
           d    - 4
           b    - 2
           c      1
           a      4
           dtype: int64
```

对于 DataFrame 数据排序,通过指定轴方向,使用 sort_index 函数对行或列索引进行排序。如果要进行列排序,则通过 sort_values 函数把列名传给 by 参数即可。

【例 4-42】 DataFrame 排序。

```
In[42]:    print(df2)
           df2.sort_values(by = 'a')
Out[42]:              a          b          c
           app   2.312472   0.866631  -1.416253
           win   0.212932   0.517418   0.239052
           mac   0.434540   1.856411  -0.441800
```

	a	b	c
win	0.212932	0.517418	0.239052
mac	0.434540	1.856411	-0.441800
app	2.312472	0.866631	-1.416253

4.4.4　汇总与统计

1. 数据汇总

在 DataFrame 中,可以通过 sum 方法对每列进行求和汇总,与 Excel 中的 sum 函数类似。如果设置 axis = 1 指定轴方向,可以实现按行汇总。

【例 4-43】 DataFrame 中的汇总。

```
In[43]:    print('按列汇总:\n',df2.sum())
           print('按行汇总:\n',df2.sum(axis = 1))
Out[43]:   按列汇总:
           a      2.959945
           b      3.240461
           c     - 1.619001
           dtype: float64
           按行汇总:
           app    1.762850
           win    0.969403
           mac    1.849152
           dtype: float64
```

2. 数据描述与统计

描述性统计是用来概括、表述事物整体状况以及事物间关联、类属关系的统计方法。通过一些统计值可以描述一组数据的集中趋势和离散程度等分布状态。

使用 describe 方法可以对每个数值型列进行统计，通常在对数据的初步观察时使用。

【例 4-44】 describe 示例。

```
In[44]:    df2.describe()
Out[44]:
```

	a	b	c
count	3.000000	3.000000	3.000000
mean	0.986648	1.080154	-0.539667
std	1.153531	0.694564	0.831981
min	0.212932	0.517418	-1.416253
25%	0.323736	0.692025	-0.929027
50%	0.434540	0.866631	-0.441800
75%	1.373506	1.361521	-0.101374
max	2.312472	1.856411	0.239052

Pandas 中常用的描述性统计量见表 4-3。

表 4-3　Pandas 中常用的描述性统计量

方 法 名 称	说　明	方 法 名 称	说　明
min	最小值	max	最大值
mean	均值	ptp	极差
median	中位数	std	标准差
var	方差	cov	协方差
sem	标准误差	mode	众数
skew	样本偏度	kurt	样本峰度
quantile	四分位数	count	非空值数目
describe	描述统计	mad	平均绝对离差

对于类别型特征的描述性统计，可以使用频数统计表。Pandas 库中通过 unique 方法获取不重复的数组，使用 value_counts 方法实现频数统计。

【例 4-45】 数据的频数统计。

```
In[45]:    obj = pd.Series(['a','b','c','a','d','c'])
           print(obj.unique())
           print(obj.value_counts())
Out[45]:   ['a' 'b' 'c' 'd']
           a    2
           c    2
           d    1
           b    1
           dtype: int64
```

视频讲解

4.5 数据分组与聚合

数据分组与聚合的思想来源于关系型数据库,是一类重要的数据操作。

4.5.1 数据分组

根据某个或某几个字段对数据集进行分组,然后对每个分组进行分析与转换,是数据分析中常见的操作。Pandas 提供了一个高效的 groupby 方法,配合 agg 或 apply 方法实现数据分组聚合的操作。

1. groupby 方法基本用法

groupby 可以根据索引或字段对数据进行分组。groupby 的常用格式为:

DataFrame.groupby(by = None, axis = 0, level = None, as_index = True, sort = True, group_keys = True, squeeze = False)

主要参数及其说明见表 4-4。

表 4-4   groupby 方法的主要参数及其说明

参 数 名 称	参 数 说 明
by	可以传入函数、字典、Series 等,用于确定分组的依据
axis	接收 int,表示操作的轴方向,默认为 0
level	接收 int 或索引名,代表标签所在级别,默认为 None
as_index	接收 boolean,表示聚合后的聚合标签是否以 DataFrame 索引输出
sort	接收 boolean,表示对分组依据和分组标签排序,默认为 True
group_keys	接收 boolean,表示是否显示分组标签的名称,默认为 True
squeeze	接收 boolean,表示是否在允许情况下对返回数据降维,默认为 False

对于参数 by,如果传入的是一个函数,则对索引进行计算并分组;如果传入的是字典或 Series,则字典或 Series 的值作为分组依据;如果传入的是 NumPy 数组,则数据元素作为分组依据;如果传入的是字符串或字符串列表,则用这些字符串所代表的字段作为分组依据。

【例 4-46】 groupby 基本用法举例。

```
In[46]:    import pandas as pd
           import numpy as np
           df = pd.DataFrame({'key1': ['a', 'a', 'b', 'b', 'a'],
               'key2': ['yes', 'no', 'yes', 'yes', 'no'],
               'data1': np.random.randn(5),
               'data2': np.random.randn(5)})
           grouped = df['data1'].groupby(df['key1'])
           print(grouped.size())
```

```
         print(grouped.mean())
Out[46]:  key1
         a              3
         b              2
         Name: data1, dtype: int64
         key1
         a     - 0.150503
         b       0.072979
         Name: data1, dtype: float64
```

数据分组后返回数据的数据类型,它不再是一个数据框,而是一个 groupby 对象。可以调用 groupby 的方法,如 size 方法,返回一个含有分组大小的 series;mean 方法,返回每个分组数据的均值。

2. 按列名分组

groupby 方法使用的分组键除了是 Series,也可以是其他的格式。DataFrame 数据的列索引名可以作为分组键,但需要注意的是,用于分组的对象必须是 DataFrame 数据本身,否则搜索不到索引名称会报错。

【例 4-47】 列索引名称作为分组键。

```
In[47]:   groupk1 = df.groupby('key2').mean()
          groupk1
Out[47]:
```

	data1	data2
key2		
no	-0.174292	-1.058420
yes	-1.153123	-0.954571

3. 按列表或元组分组

分组键还可以是长度和 DataFrame 行数相同的列表或元组,相当于将列表或元组看作 DataFrame 的一列,然后将其分组。

【例 4-48】 按列表或元组分组。

```
In[48]:   wlist = ['w','w','y','w','y']
          df.groupby(wlist).sum()
Out[48]:
```

	data1	data2
w	-1.767796	-2.010376
y	-2.040156	-2.970178

4. 按字典分组

如果原始的 DataFrame 中的分组信息很难确定或不存在,可以通过字典结构,定义分组信息。

【例 4-49】 通过字典作为分组键,分组时各字母不区分大小写。

```
In[49]:    df = pd.DataFrame(np.random.normal(size = (6,5)),index = ['a','b','c','A','B',
           'c'])
           print("数据为:\n",df)
           wdict = {'a':'one','A':'one','b':'two','B':'two','c':'three'}
           print("分组汇总后的结果为:\n",df.groupby(wdict).sum())
```

Out[49]: 数据为:

	0	1	2	3	4
a	− 0.109129	0.643699	− 0.332005	1.223619	0.036772
b	0.373517	1.299182	1.847493	− 0.654974	0.714680
c	− 1.025447	1.349727	− 1.677326	0.965016	− 0.551719
A	− 2.099391	− 0.911053	0.439469	1.428182	− 1.217957
B	− 2.119563	− 0.113898	0.361437	− 0.008571	0.446801
c	0.067242	0.055917	− 0.142583	0.910845	− 1.817419

分组汇总后的结果为:

	0	1	2	3	4
one	− 2.208520	− 0.267354	0.107464	2.651801	− 1.181186
three	− 0.958204	1.405644	− 1.819909	1.875861	− 2.369138
two	− 1.746046	1.185285	2.208930	− 0.663545	1.161482

5. 按函数分组

函数作为分组键的原理类似于字典,通过映射关系进行分组,但是函数更加灵活。

【例 4-50】 通过 DataFrame 最后一列的数值进行正负分组。

```
In[50]:    def judge(x):
               if x > = 0:
                   return 'a'
               else:
                   return 'b'
           df = pd.DataFrame(np.random.randn(4,4))
           print(df)
           print(df[3].groupby(df[3].map(judge)).sum())
```

Out[50]:

	0	1	2	3
0	0.301504	1.315520	− 0.930245	0.289961
1	− 1.189898	0.822387	− 0.731585	0.632119
2	− 1.352290	1.503129	1.630123	− 0.814603
3	− 0.573531	0.641143	1.278825	0.129166

```
3
a    1.051246
b   − 0.814603
Name: 3, dtype: float64
```

4.5.2 数据聚合

数据聚合就是对分组后的数据进行计算,产生标量值的数据转换过程。

1. 聚合函数

除了之前示例中的 mean 函数外,常用的聚合运算还有 count 和 sum 等。常用的聚合函数见表 4-5。

表 4-5　聚合运算方法

函　　数	使　用　说　明
count	计数
sum	求和
mean	求平均值
median	求中位数
std、var	无偏标准差和方差
min、max	求最小值和最大值
prod	求积
first、last	第一个和最后一个值

需要注意的是,在聚合运算中空值不参与计算。

常见的聚合运算都由相关的统计函数快速实现,当然也可以自定义聚合运算。要使用自定义的聚合函数,将其传入 aggregate 或 agg 方法即可。

2. 使用 agg 方法聚合数据

agg、aggregate 方法都支持对每个分组应用某个函数,包括 Python 内置函数或自定义函数。同时,这两个方法也能够直接对 DataFrame 进行函数应用操作。在正常使用过程中,agg 和 aggregate 函数对 DataFrame 对象操作的功能基本相同,因此只需掌握一个即可。

后面示例中的数据以下图数据 testdata. xls 为例,其中的几列计数以 $10^9/L$ 为单位。

	序号	性别	身份证号	是否吸烟	是否饮酒	开始从事某工作年份	体检年份	淋巴细胞计数	白细胞计数	细胞其他值	血小板计数
0	1	女	****1982080000	否	否	2009年	2017	2.4	8.5	NaN	248.0
1	2	女	****1984110000	否	否	2015年	2017	1.8	5.8	NaN	300.0
2	3	男	****1983060000	否	否	2013年	2017	2.0	5.6	NaN	195.0
3	4	男	****1985040000	否	否	2014年	2017	2.5	6.6	NaN	252.0
4	5	男	****1986040000	否	否	2014年	2017	1.3	5.2	NaN	169.0

1) 计算当前数据中的各项统计量

【例 4-51】　使用 agg 求出当前数据对应的统计量。

```
In[51]:    data[['淋巴细胞计数','白细胞计数']].agg([np.sum,np.mean])
Out[51]:
```

	淋巴细胞计数	白细胞计数
sum	4280.270000	6868.008100
mean	3.849164	6.176266

2) 计算各字段的不同统计量

【例 4-52】　使用 agg 分别求字段的不同统计量。

```
In[52]:    data.agg({'淋巴细胞计数':np.mean,'血小板计数':np.std})
Out[52]:   淋巴细胞计数        3.849164
```

血小板计数　　　　58.932590
dtype: float64

3）计算不同字段的不同数目的统计量

【例 4-53】 不同字段统计不同数目的统计量。

```
In[53]:    data.agg({'淋巴细胞计数':np.mean,'血小板计数':[np.mean,np.std]})
Out[53]:
```

	淋巴细胞计数	血小板计数
mean	3.849164	202.765922
std	NaN	58.932590

对分组后的数据，聚合统计的方法是一样的。

【例 4-54】 统计不同性别人群的血小板计数。

```
In[54]:    data.groupby('性别')['血小板计数'].agg(np.mean)
Out[54]:   性别
           女      212.687636
           男      194.727417
           Name: 血小板计数, dtype: float64
```

如果希望返回的结果不以分组键为索引，可以通过 as_index ＝ False 实现。

【例 4-55】 as_index 参数的用法。

```
In[55]:    data.groupby(['性别','是否吸烟'],as_index = False)['血小板计数'].agg(np.mean)
Out[55]:
```

	性别	是否吸烟	血小板计数
0	女	否	212.133188
1	女	是	297.333333
2	男	否	194.236749
3	男	是	195.210175

4.5.3　分组运算

分组运算包含聚合运算，聚合运算是数据转换的特例。本节将讲解 transform 和 apply 方法，通过这两个方法，可以实现更多的分组运算。

1. transform 方法

通过 transform 方法可以将运算分布到每一行。

【例 4-56】 transform 方法。

```
In[56]:    data.groupby(['性别','是否吸烟'])['血小板计数'].
           transform('mean').sample(5)
Out[56]:   902     212.133188
           766     194.236749
           525     195.210175
           401     195.210175
```

```
345      195.210175
Name: 血小板计数, dtype: float64
```

2. 使用 apply 方法聚合数据

apply 方法类似于 agg 方法，能够将函数应用于每一列。

【**例 4-57**】 数据分组后应用 apply 统计。

```
In[57]:    data.groupby(['性别','是否吸烟'])['血小板计数'].apply(np.mean)
Out[57]:   性别    是否吸烟
           女       否       212.133188
                   是       297.333333
           男       否       194.236749
                   是       195.210175
           Name: 血小板计数, dtype: float64
```

如果希望返回的结果不以分组键为索引，设置 group_keys＝False 即可。

使用 apply 方法对 groupby 对象进行聚合操作的方法和 agg 方法相同，只是使用 agg 方法能够实现对不同的字段应用不同的函数，而 apply 则不行。

4.6 数据透视表

数据透视表（Pivot Table）是数据分析中常见的工具之一，根据一个或多个键值对数据进行聚合，根据列或行的分组键将数据划分到各个区域。

视频讲解

4.6.1 透视表

在 Pandas 中，除了使用 groupby 对数据分组聚合实现透视功能外，还可以使用 pivot_table 函数实现。

pivot_table 函数格式：

```
pivot_table(data, values = None, index = None, columns = None, aggfunc = 'mean', fill_value =
None, margins = False, dropna = True, margins_name = 'All')
```

主要参数及其说明见表 4-6。

表 4-6   pivot_table 函数主要参数及其说明

参　　数	使　用　说　明
data	接收 DataFrame，表示创建表的数据
values	接收 string，指定要聚合的数据字段，默认为全部数据
index	接收 string 或 list，表示行分组键
columns	接收 string 或 list，表示列分组键
aggfunc	接收 functions，表示聚合函数，默认为 mean
margins	接收 boolean，表示汇总功能的开关
dropna	接收 boolean，表示是否删掉全为 NaN 的列，默认为 False

【例 4-58】 pivot_table 默认计算均值。

```
In[58]:    data = pd.DataFrame({'k1':['a','b','a','a','c','c','b','a','c','a','b','c'],'k2':['one',
           'two','three','two','one','one','three','one','two','three','one','two'],
           'w':np.random.rand(12),'y':np.random.randn(12)})
           print(data)
           data.pivot_table(index = 'k1',columns = 'k2')
Out:[58]:      k1     k2        w          y
           0    a    one    0.408441  -0.403737
           1    b    two    0.474941   2.250572
           2    a    three  0.167458   0.947598
           3    a    two    0.140359  -0.178698
           4    c    one    0.518360  -0.360963
           5    c    one    0.092604   1.122255
           6    b    three  0.116181   1.677334
           7    a    one    0.073038  -0.370716
           8    c    two    0.009419  -0.782993
           9    a    three  0.549265  -0.390092
           10   b    one    0.958162  -0.197808
           11   c    two    0.515718   0.180936
```

	w			y		
k2	one	three	two	one	three	two
k1						
a	0.240739	0.358362	0.140359	-0.387226	0.278753	-0.178698
b	0.958162	0.116181	0.474941	-0.197808	1.677334	2.250572
c	0.305482	NaN	0.262568	0.380646	NaN	-0.301028

【例 4-59】 分类汇总并求和。

```
In[59]:    data.pivot_table(index = 'k1',columns = 'k2',aggfunc = 'sum')
```

Out[59]:

	w			y		
k2	one	three	two	one	three	two
k1						
a	0.481478	0.716724	0.140359	-0.774452	0.557506	-0.178698
b	0.958162	0.116181	0.474941	-0.197808	1.677334	2.250572
c	0.610965	NaN	0.525137	0.761292	NaN	-0.602057

4.6.2　交叉表

交叉表是一种特殊的透视表,主要用于计算分组频率。使用 Pandas 提供的 crosstab 函数可以制作交叉表。

crosstab 的格式:

crosstab(index, columns, values = None, rownames = None, colnames = None, aggfunc = None, margins = False, dropna = True, normalize = False)

crosstab 的主要参数及其说明见表 4-7。

表 4-7 **crosstab** 主要参数及其说明

参　　数	使 用 说 明
index	接收 string 或 list，表示行索引键，无默认值
columns	接收 string 或 list，表示列索引键
values	接收 array，表示聚合数据，默认为 None
rownames	表示行分组键名，无默认
colnames	表示列分组键名，无默认
aggfunc	接收 functions，表示聚合函数，默认为 None
margins	接收 boolean，表示汇总功能的开关
dropna	接收 boolean，表示是否删掉全为 NaN 的列，默认为 False
normalize	接收 boolean，表示是否对值进行标准化，默认为 False

【例 4-60】 交叉表示例。

```
In[60]:     pd.crosstab(data.k1,data.k2)
Out[60]:
            k2  one  three  two
            k1
            a    2     2    1
            b    1     1    1
            c    2     0    2
```

想要在边框处增加汇总项，可以指定 margin 的值为 True。

【例 4-61】 带参数 margin。

```
In[61]:     pd.crosstab(data.k1,data.k2,margins = True)
Out[61]:
            k2  one  three  two  All
            k1
            a    2     2    1    5
            b    1     1    1    3
            c    2     0    2    4
            All  5     3    4    12
```

4.7 Pandas 可视化

Pandas 中集成了 Matplotlib 中的基础组件，让绘图更加便捷。

4.7.1 线形图

线形图一般用于描绘两组数据之间的趋势。Pandas 库中的 Series 和 DataFrame 中都有绘制各类图表的 plot 方法，默认绘制的都是线形图。

【例 4-62】 Series 的 plot 方法绘图。

```
In[62]:    import numpy as np
           import pandas as pd
           import matplotlib.pyplot as plt
           % matplotlib inline
           s = pd.Series(np.random.normal(size = 10))
           s.plot()
```

Out[62]:

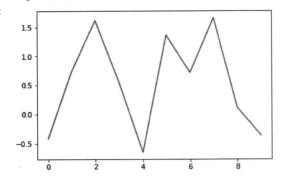

通过 DataFrame 对象的 plot 方法可以为各列绘制一条线,并会创建好图例。

【例 4-63】 DataFrame 的 plot 方法绘图。

```
In[63]:    df = pd.DataFrame({'normal':np.random.normal(size = 50),'gamma':np.
           random.gamma(1,size = 50)})
           df.plot()
```

Out[63]:

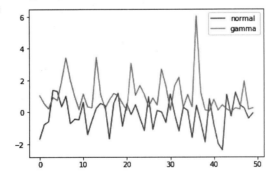

说明:绘图的可视化效果会用不同的颜色代表不同的类,鉴于本书是黑白印刷,读者可以观察实际代码运行的效果。后面出现的类似问题不再说明。

4.7.2　柱状图

柱状图一般用来描述各类别之间的关系。在 Pandas 中绘制柱状图只需在 plot 函数中加参数 kind＝'bar',如果类别较多,可以绘制水平柱状图(kind＝'barh')。

【例 4-64】 在 DataFrame 中绘制柱状图。

```
In[64]:    stu = {'name':['小明','王芳','赵平','李红','李涵'],
           'sex':['male','female','female','female','male'],
```

```
        'year':[1996,1997,1994,1999,1996]}
        data = pd.DataFrame(stu)
        print(data['sex'].value_counts())
        print(data['sex'].value_counts().plot(kind = 'bar',rot = 30))
```

Out[64]:
```
female    3
male      2
Name: sex, dtype: int64
AxesSubplot(0.125,0.125;0.775x0.755)
```

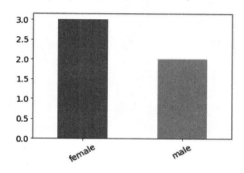

对于 DataFrame 数据而言，每一行的值会成为一组。

【例 4-65】　DataFrame 数据对象的柱状图。

```
In[65]:    df = pd.DataFrame(np.random.randint(1,100,size = (3,3)),index =
           {'one','two','three'},columns = ['I1','I2','I3'])
           df.plot(kind = 'barh')
```

Out[65]:

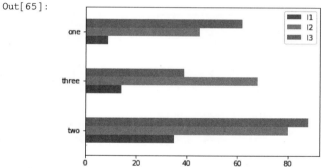

4.7.3　直方图和密度图

直方图用于频率分布，Y 轴为数值或比率。绘制直方图，可以观察数据值的大致分布规律。Pandas 中的直方图可以通过 hist 方法绘制。

核密度估计是对真实密度的估计，其过程是将数据的分布近似为一组核（如正态分布）。通过 plot 函数的 kind＝'kde'可以进行绘制。

【例 4-66】　在 Pandas 中绘制直方图。

```
In[66]:    wy = pd.Series(np.random.normal(size = 80))
           s.hist(bins = 15,grid = False)
```

Out[66]:

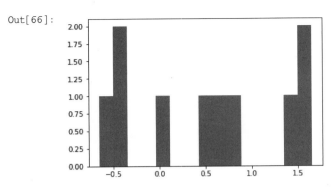

【例 4-67】　在 Pandas 中绘制密度图。

In[67]:　　wy = pd.Series(np.random.normal(size = 80))
　　　　　　s.plot(kind = 'kde')

Out[67]:

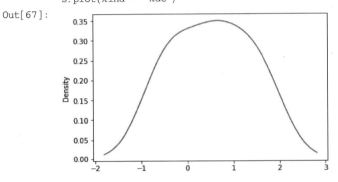

4.7.4　散点图

散点图主要用来表现数据之间的规律。

【例 4-68】　在 Pandas 中绘制散点图。

In[68]:　　wd = pd.DataFrame(np.arange(10),columns = ['A'])
　　　　　　wd['B'] = 2 * wd['A'] + 4
　　　　　　wd.plot(kind = 'scatter',x = 'A',y = 'B')

Out[68]:

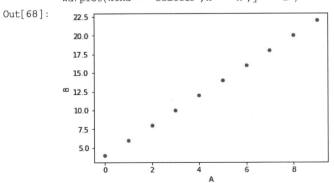

4.8 本章小结

本章主要介绍了 Pandas 的统计分析基础，主要包括 Pandas 数据结构、索引操作、数据运算、数据分组与聚合、透视表以及 Pandas 的简单绘图。

本章实训

本实训主要对小费数据集进行数据的分析与可视化。用到的小费数据集来源于 Python 库 Seaborn 中自带的数据，已被事先转存为 Excel 类型的数据。

1. 导入模块

```
In[1]:    import pandas as pd
          import numpy as np
          import matplotlib.pyplot as plt
          plt.rcParams['font.sans-serif'] = ['SimHei']       #用来正常显示中文标签
          plt.rcParams['axes.unicode_minus'] = False         #用来正常显示负号
          % matplotlib inline
```

2. 获取数据

导入待处理数据 tips.xls，并显示前 5 行。

```
In[2]:    fdata = pd.read_excel('D:/dataset/tips.xls')
          fdata.head()
```

Out[2]:

	total_bill	tip	sex	smoker	day	time	size
0	16.99	1.01	Female	No	Sun	Dinner	2
1	10.34	1.66	Male	No	Sun	Dinner	3
2	21.01	3.50	Male	No	Sun	Dinner	3
3	23.68	3.31	Male	No	Sun	Dinner	2
4	24.59	3.61	Female	No	Sun	Dinner	4

3. 分析数据

（1）查看数据的描述信息。

```
In[3]:    fdata.describe()
```

Out[3]:

	total_bill	tip	size
count	244.000000	244.000000	244.000000
mean	19.785943	2.998279	2.569672
std	8.902412	1.383638	0.951100
min	3.070000	1.000000	1.000000
25%	13.347500	2.000000	2.000000
50%	17.795000	2.900000	2.000000
75%	24.127500	3.562500	3.000000
max	50.810000	10.000000	6.000000

（2）修改列名为汉字，并显示前 5 行数据。

In[4]:
```
fdata.rename(columns = {'total_bill':'消费总额','tip':'小费','sex':'性别','smoker':
'是否抽烟','day':'星期','time':'聚餐时间段','size':'人数'},inplace = True)
fdata.head()
```

Out[4]:

	消费总额	小费	性别	是否抽烟	星期	聚餐时间段	人数
0	16.99	1.01	Female	No	Sun	Dinner	2
1	10.34	1.66	Male	No	Sun	Dinner	3
2	21.01	3.50	Male	No	Sun	Dinner	3
3	23.68	3.31	Male	No	Sun	Dinner	2
4	24.59	3.61	Female	No	Sun	Dinner	4

（3）分析小费金额和总金额的关系。

In[5]:
```
fdata.plot(kind = 'scatter',x = '消费总额',y = '小费')
```
Out[5]: `<matplotlib.axes._subplots.AxesSubplot at 0x9215cc0>`

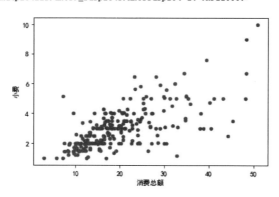

从图中可以看出，小费金额与消费总额存在正相关的关系。类似地，还可以分析"是否抽烟""星期""聚餐时间段"和"聚餐人数"和小费的关系。

（4）分析男性顾客和女性顾客谁更慷慨。

In[6]:
```
fdata.groupby('性别')['小费'].mean()
```
Out[6]:   性别
```
Female    2.833448
```

```
Male        3.089618
Name: 小费, dtype: float64
```

从分析结果可以看出,男性顾客明显慷慨一些。

（5）分析日期和小费的关系。

```
In[7]:    print(fdata['星期'].unique())  # 显示星期的取值
          r = fdata.groupby('星期')['小费'].mean()
          fig = r.plot(kind = 'bar',x = '星期',y = '小费',fontsize = 12,rot = 30)
          fig.axes.title.set_size(16)
Out[7]:   ['Sun' 'Sat' 'Thur' 'Fri']
```

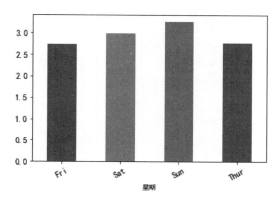

从分析图可以发现,周六、周日的小费比周四、周五的要高。

（6）性别＋抽烟的组合因素对慷慨度的影响。

```
In[8]:    r = fdata.groupby(['性别','是否抽烟'])['小费'].mean()
          fig = r.plot(kind = 'bar',x = ['性别','是否抽烟'],y = '小费',fontsize = 12,rot
          = 30)
          fig.axes.title.set_size(16)
Out[8]:
```

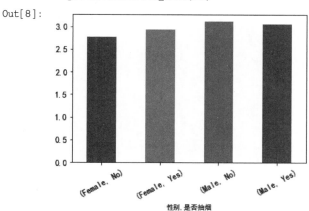

从分析图可以发现,不抽烟的男性付小费更慷慨。

（7）分析聚餐时间段与小费数额的关系。

In[9]:　　r = fdata.groupby(['聚餐时间段'])['小费'].mean()
　　　　　　fig = r.plot(kind = 'bar',x = '聚餐时间',y = '小费',fontsize = 15,rot = 30)
　　　　　　fig.axes.title.set_size(16)

Out[9]:

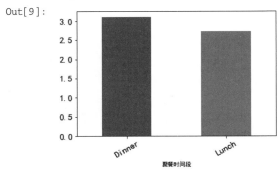

从分析图可以发现，晚餐时段的小费比午餐时段的要高。

第 5 章

Pandas数据载入与预处理

对于数据分析而言，数据大部分来源于外部数据，如常用的 CSV 文件、Excel 文件和数据库文件等。Pandas 库将外部数据转换为 DataFrame 数据格式，处理完成后再存储到相应的外部文件中。

5.1 数据载入

5.1.1 读/写文本文件

视频讲解

1. 文本文件读取

文本文件是一种由若干行字符构成的计算机文件，它是一种典型的顺序文件。CSV 是一种逗号分隔的文件格式，因为其分隔符不一定是逗号，又被称为字符分隔文件，文件以纯文本形式存储表格数据（数字和文本）。

在 Pandas 中使用 read_table 函数来读取文本文件：

pandas. read_table(filepath_or_buffer, sep = '\t', header = 'infer', names = None, index_col = None, dtype = None, engine = None, nrows = None)

在 Pandas 中使用 read_csv 函数来读取 CSV 文件：

pandas. read_csv(filepath_or_buffer, sep = ',', header = 'infer', names = None, index_col = None, dtype = None, engine = None, nrows = None)

两个文本文件读取方法中的常用参数及其说明见表 5-1。

表 5-1　read_table 和 read_csv 常用参数及其说明

参 数 名 称	说　　明
filepath	接收 string，代表文件路径，无默认
sep	接收 string，代表分隔符。read_csv 默认为"，"，read_table 默认为制表符"［Tab］"，如果分隔符指定错误，在读取数据的时候，每一行数据将连成一片
header	接收 int 或 sequence，表示将某行数据作为列名，默认为 infer，表示自动识别
names	接收 array，表示列名，默认为 None
index_col	接收 int、sequence 或 False，表示索引列的位置，取值为 sequence 则代表多重索引，默认为 None
dtype	接收 dict，代表写入的数据类型（列名为 key，数据格式为 values），默认为 None
engine	接收 c 或者 python，代表数据解析引擎，默认为 c
nrows	接收 int，表示读取前 n 行，默认为 None

【例 5-1】　使用 read_csv 函数读取 CSV 文件。

```
In[1]:    df1 = pd. read_csv('文件路径文件名')
          ♯读取 CSV 文件到 DataFrame 中
          df2 = pd. read_table('文件路径文件名', sep = ',')
          ♯使用 read_table,并指定分隔符
          df3 = pd. read_csv('文件路径文件名',names = ['a','b', --- ])
          ♯文件不包含表头行,允许自动分配默认列名,也可以指定列名
```

2. 文本文件的存储

文本文件的存储和读取类似，结构化数据可以通过 Pandas 中的 to_csv 函数实现以 CSV 文件格式存储文件。

```
DataFrame.to_csv(path_or_buf = None, sep = ',', na_rep = ", columns = None, header = True,
index = True, index_label = None,mode = 'w',encoding = None)
```

5.1.2　读/写 Excel 文件

1. Excel 文件的读取

Pandas 提供了 read_excel 函数读取"xls"和"xlsx"两种 Excel 文件，其格式为：

```
pandas. read_excel(io,sheetname,header = 0,index_col = None,names = None,dtype)
```

read_excel 函数和 read_table 函数的部分参数相同，其常用参数及其说明见表 5-2。

表 5-2　Pandas 读/写 Excel 文件

参 数 名 称	说　　明
io	接收 string，表示文件路径，无默认
sheetname	接收 string、int，代表 Excel 表内数据的分表位置，默认为 0

续表

参 数 名 称	说 明
header	接收 int 或 sequence,表示将某行数据作为列名,默认为 infer,表示自动识别
names	接收 int、sequence 或者 False,表示索引列的位置,取值为 sequence 则代表多重索引,默认为 None
index_col	接收 int、sequence 或者 False,表示索引列的位置,取值为 sequence 则代表多重索引,默认为 None
dtype	接收 dict,代表写入的数据类型(列名为 key,数据格式为 values),默认为 None

【例 5-2】 读取 Excel 文件。

```
In[2]:    xlsx = pd.excelFile('example/ex1.xlsx')
          pd.read_excel(xlsx, 'Sheet1')
          # 也可以直接使用
          frame = pd.read_excel('example/ex1.xlsx', 'Sheet1')
```

2. Excel 文件的存储

将文件存储为 Excel 文件,可以使用 to_excel 方法。其语法格式如下:

```
DataFrame.to_excel(excel_writer = None, sheetname = None', na_rep = '', header = True, index =
True, index_label = None, mode = 'w', encoding = None)
```

to_excel 与 to_csv 方法的常用参数基本一致,区别之处在于 to_excel 指定存储文件的文件路径参数名称为 excel_writer,并且没有 sep 参数,增加了一个 sheetnames 参数用来指定存储的 Excel Sheet 的名称,默认为 sheet1。

5.2 合并数据

在实际的数据分析中,可能有不同的数据来源,因此,需要对数据进行合并处理。

5.2.1 merge 数据合并

Python 中的 merge 函数是通过一个或多个键将两个 DataFrame 按行合并起来,与 SQL 中的 join 用法类似,Pandas 中的数据合并函数 merge() 格式如下:

```
merge(left, right, how = 'inner', on = None, left_on = None, right_on = None, left_index =
False, right_index = False, sort = False, suffixes = ('_x', '_y'), copy = True, indicator =
False, validate = None)
```

merge 方法主要参数及说明见表 5-3。

表 5-3　merge 方法主要参数及说明

参　　数	使 用 说 明
left	参与合并的左侧 DataFrame
right	参与合并的右侧 DataFrame
how	连接方法：inner，left，right，outer
on	用于连接的列名
left_on	左侧 DataFrame 中用于连接键的列
right_on	右侧 DataFrame 中用于连接键的列
left_index	左侧 DataFrame 中行索引作为连接键
right_index	右侧 DataFrame 中行索引作为连接键
sort	合并后会对数据排序，默认为 True
suffixes	修改重复名

【例 5-3】　merge 的默认合并数据。

```
In[3]:    price = pd.DataFrame({'fruit':['apple','grape','orange','orange'],
          'price':[8,7,9,11]})
          amount = pd.DataFrame({'fruit':['apple','grape','orange'],'amout':[5,11,8]})
          display(price,amount,pd.merge(price,amount))
```

Out[3]:

	fruit	price
0	apple	8
1	grape	7
2	orange	9
3	orange	11

	fruit	amout
0	apple	5
1	grape	11
2	orange	8

	fruit	price	amout
0	apple	8	5
1	grape	7	11
2	orange	9	8
3	orange	11	8

　　由于两个 DataFrame 都有 fruit 列，所以默认按照该列进行合并，默认 how＝'inner'，即 pd.merge(amount,price,on＝'fruit',how＝'inner')。如果两个 DataFrame 的列名不相同，可以单独指定。

【例 5-4】　指定合并时的列名。

```
In[4]:    display(pd.merge(price,amount,left_on = 'fruit',right_on = 'fruit'))
```

Out[4]:

	fruit	price	amout
0	apple	8	5
1	grape	7	11
2	orange	9	8
3	orange	11	8

merge 合并时默认是内连接(inner)，即返回交集。通过 how 参数可以选择连接方法：左连接(left)、右连接(right)和外连接(outer)。

【例 5-5】　左连接。

In[5]:　display(pd.merge(price,amount,how = 'left'))
Out[5]:

	fruit	price	amout
0	apple	8	5
1	grape	7	11
2	orange	9	8
3	orange	11	8

【例 5-6】　右连接。

In[6]:　display(pd.merge(price,amount,how = 'right'))
Out[6]:

	fruit	price	amout
0	apple	8	5
1	grape	7	11
2	orange	9	8
3	orange	11	8

也可以通过多个键进行合并。

【例 5-7】　merge 通过多个键合并。

In[7]:　left = pd.DataFrame({'key1':['one','one','two'],'key2':['a','b','a'],
'value1':range(3)})
right = pd.DataFrame({'key1':['one','one','two','two'],'key2':['a','a','a','b'],
'value2':range(4)})
display(left,right,pd.merge(left,right,on = ['key1','key2'],how = 'left'))
Out[7]:

	key1	key2	value1
0	one	a	0
1	one	b	1
2	two	a	2

	key1	key2	value2
0	one	a	0
1	one	a	1
2	two	a	2
3	two	b	3

	key1	key2	value1	value2
0	one	a	0	0.0
1	one	a	0	1.0
2	one	b	1	NaN
3	two	a	2	2.0

在合并时会出现重复列名,虽然可以人为进行重复列名的修改,但 merge 函数提供了 suffixes 用于处理该问题。

【例 5-8】 merge 函数中参数 suffixes 的应用。

```
In[8]:   print(pd.merge(left,right,on = 'key1'))
         print(pd.merge(left,right,on = 'key1',suffixes = ('_left','_right')))
Out[8]:  key1 key2_x    value1 key2_y    value2
         0    one       a    0      a    0
         1    one       a    0      a    1
         2    one       b    1      a    0
         3    one       b    1      a    1
         4    two       a    2      a    2
         5    two       a    2      b    3
         key1 key2_left value1 key2_right value2
         0    one       a    0      a    0
         1    one       a    0      a    1
         2    one       b    1      a    0
         3    one       b    1      a    1
         4    two       a    2      a    2
         5    two       a    2      b    3
```

5.2.2 concat 数据连接

如果要合并的 DataFrame 之间没有连接键,就无法使用 merge 方法,可以使用 Pandas 中的 concat 方法。默认情况下会按行的方向堆叠数据;如果在列向上连接,设置 axis＝1 即可。

【例 5-9】 两个 Series 的数据连接。

```
In[9]:   s1 = pd.Series([0,1],index = ['a','b'])
         s2 = pd.Series([2,3,4],index = ['a','d','e'])
         s3 = pd.Series([5,6],index = ['f','g'])
         print(pd.concat([s1,s2,s3]))                    ♯Series 行合并
Out[9]:  a    0
         b    1
         a    2
         d    3
         e    4
         f    5
         g    6
         dtype: int64
```

【例 5-10】 两个 DataFrame 的数据连接。

```
In[10]:  data1 = pd.DataFrame(np.arange(6).reshape(2,3),columns = list('abc'))
         data2 = pd.DataFrame(np.arange(20,26).reshape(2,3),columns = list('ayz'))
         data = pd.concat([data1,data2],axis = 0)
         display(data1,data2,data)
```

Out[10]:

	a	b	c
0	0	1	2
1	3	4	5

	a	y	z
0	20	21	22
1	23	24	25

	a	b	c	y	z
0	0	1.0	2.0	NaN	NaN
1	3	4.0	5.0	NaN	NaN
0	20	NaN	NaN	21.0	22.0
1	23	NaN	NaN	24.0	25.0

通过结果可以看出,concat 连接方式为外连接(并集),通过传入 join＝'inner'可以实现内连接。

可以通过 join_axis 指定使用的索引顺序。

【例 5-11】　指定索引顺序。

```
In[11]:    s1 = pd.Series([0,1],index = ['a','b'])
           s2 = pd.Series([2,3,4],index = ['a','d','e'])
           s3 = pd.Series([5,6],index = ['f','g'])
           s4 = pd.concat([s1 * 5,s3],sort = False)
           s5 = pd.concat([s1,s4],axis = 1,sort = False)
           s6 = pd.concat([s1,s4],axis = 1,join = 'inner',sort = False)
           s7 = pd.concat([s1,s4],axis = 1,join = 'inner',join_axis = [['b','a']],
           sort = False)
           display(s4,s5,s6,s7)
```

Out[11]:
```
a    0
b    5
f    5
g    6
dtype: int64
```

	0	1
a	0.0	0
b	1.0	5
f	NaN	5
g	NaN	6

	0	1
a	0	0
b	1	5

	0	1
b	1	5
a	0	0

5.2.3　combine_first 合并数据

如果需要合并的两个 DataFrame 存在重复索引，则使用 merge 和 concat 都无法正确合并，此时需要使用 combine_first 方法。数据 w1 和 w2 分别如下所示：

【例 5-12】　使用 combine_first 合并。

```
In[12]:   w1.combine_first(w2)
Out[12]:
```

5.3　数据清洗

数据一般是不完整、有噪声和不一致的。数据清洗试图填充缺失的数据值、光滑噪声、识别离群点并纠正数据中的不一致。

5.3.1　检测与处理缺失值

在许多数据分析工作中，经常会有缺失数据的情况。Pandas 的目标之一就是尽量轻松地处理缺失数据。

1. 缺失值的处理

Pandas 对象的所有描述性统计默认都不包括缺失数据。对于数值数据，Pandas 使用浮点值 NaN 表示缺失数据。

1）缺失值的检测与统计

函数 isnull() 可以直接判断该列中的哪个数据为 NaN。

【例 5-13】　使用 isnull 检测缺失值。

```
In[13]:   string_data = pd.Series(['aardvark', 'artichoke', np.nan, 'avocado'])
          print(string_data)
          string_data.isnull()
Out[13]:  0    aardvark
          1    artichoke
```

```
2       NaN
3       avocado
dtype: object
0   False
1   False
2   True
3   False
dtype: bool
```

在 Pandas 中，缺失值表示为 NA，它表示不可用(not available)。在统计应用中，NA
数据可能是不存在的数据，或者存在却没有观察到的数据(例如数据采集中发生了问
题)。当清洗数据用于分析时，最好直接对缺失数据进行分析，以判断数据采集问题或缺
失数据可能导致的偏差。Python 内置的 None 值也会被当作 NA 处理。

【例 5-14】　Series 中的 None 值处理。

```
In[14]:    string_data = pd.Series(['aardvark', 'artichoke',np.nan, 'avocado'])
           string_data.isnull()
Out[14]:   0   False
           1   False
           2    True
           3   False
           dtype: bool
```

2) 缺失值的统计

【例 5-15】　使用 isnull().sum()统计缺失值。

```
In[15]:    df = pd.DataFrame(np.arange(12).reshape(3,4),columns = ['A','B','C','D'])
           df.ix[2,:] = np.nan
           df[3] = np.nan
           print(df)
           df.isnull().sum()
Out[15]:        A     B     C     D     3
           0   0.0   1.0   2.0   3.0   NaN
           1   4.0   5.0   6.0   7.0   NaN
           2   NaN   NaN   NaN   NaN   NaN
           A     1
           B     1
           C     1
           D     1
           3     3
           dtype: int64
```

另外，通过 info 方法，也可以查看 DataFrame 每列数据的缺失情况。

【例 5-16】　用 info 方法查看 DataFrame 的缺失值。

```
In[16]:    df.info()
Out[16]:   < class 'pandas.core.frame.DataFrame'>
           RangeIndex: 3 entries, 0 to 2
           Data columns (total 5 columns):
```

```
A        2 non - null float64
B        2 non - null float64
C        2 non - null float64
D        2 non - null float64
3        0 non - null float64
dtypes: float64(5)
memory usage: 200.0 bytes
```

2. 缺失值的处理

1) 删除缺失值

在缺失值的处理方法中,删除缺失值是常用的方法之一。通过 dropna 方法可以删除具有缺失值的行。

dropna 方法的格式:

```
dropna(axis = 0, how = 'any', thresh = None, subset = None, inplace = False)
```

dropna 的参数及其使用说明见表 5-4。

表 5-4　dropna 的参数及其使用说明

参 数 名 称	使 用 说 明
axis	默认为 axis=0,当某行出现缺失值时,将该行丢弃并返回;当 axis=1,且某列出现缺失值时,将该列丢弃
how	确定缺失值个数,缺省时 how='any',how='any'表明只要某行有缺失值就将该行丢弃,how='all'表明某行全部为缺失值才将其丢弃
thresh	阈值设定,当行列中非缺失值的数量少于给定的值就将该行丢弃
subset	部分标签中删除某行列,例如 subset=['a','d'],即丢弃子列 a d 中含有缺失值的行
inplace	bool 取值,默认为 False, 当 inplace= True,即对原数据操作,无返回值

对于 Series,dropna 返回一个仅含非空数据和索引值的 Series。

【例 5-17】　Series 的 dropna 用法。

```
In[17]:    from numpy import nan as NA
           data = pd.Series([1, NA, 3.5, NA, 7])
           print(data)
           print(data.dropna())
Out[17]:   0    1.0
           1    NaN
           2    3.5
           3    NaN
           4    7.0
           dtype: float64
           0    1.0
           2    3.5
           4    7.0
           dtype: float64
```

当然，也可以通过布尔型索引达到这个目的。

【例5-18】　布尔型索引选择过滤非缺失值。

```
In[18]:   not_null = data.notnull()
          print(not_null)
          print(data[not_null])
Out[18]:  0    True
          1    False
          2    True
          3    False
          4    True
          dtype: bool
          0    1.0
          2    3.5
          4    7.0
          dtype: float64
```

对于 DataFrame 对象，dropna 默认丢弃任何含有缺失值的行。

【例5-19】　DataFrame 对象的 dropna 默认参数使用。

```
In[19]:   from numpy import nan as NA
          data = pd.DataFrame([[1., 5.5, 3.], [1., NA, NA],[NA, NA, NA],
          [NA, 5.5, 3.]])
          print(data)
          cleaned = data.dropna()
          print('删除缺失值后的:\n',cleaned)
Out[19]:        0    1    2
          0   1.0  5.5  3.0
          1   1.0  NaN  NaN
          2   NaN  NaN  NaN
          3   NaN  5.5  3.0
          删除缺失值后的:
                0    1    2
          0   1.0  5.5  3.0
```

传入 how＝'all'将只丢弃全为 NA 的那些行。

【例5-20】　传入参数 all。

```
In[20]:   data = pd.DataFrame([[1., 5.5, 3.], [1., NA, NA],[NA, NA, NA],
          [NA, 5.5, 3.]])
          print(data)
          data.dropna(how = 'all')
Out[20]:        0    1    2
          0   1.0  5.5  3.0
          1   1.0  NaN  NaN
          2   NaN  NaN  NaN
          3   NaN  5.5  3.0
```

	0	1	2
0	1.0	5.5	3.0
1	1.0	NaN	NaN
3	NaN	5.5	3.0

如果用同样的方式丢弃 DataFrame 的列,只需传入 axis = 1 即可。

【例 5-21】 dropna 中的 axis 参数应用。

```
In[21]:    data = pd.DataFrame([[1., 5.5, NA], [1., NA, NA],[NA, NA, NA], [NA, 5.5, NA]])
           print(data)
           data.dropna(axis = 1, how = 'all')
```

```
Out[21]:         0    1   2
           0   1.0  5.5 NaN
           1   1.0  NaN NaN
           2   NaN  NaN NaN
           3   NaN  5.5 NaN
```

	0	1
0	1.0	5.5
1	1.0	NaN
2	NaN	NaN
3	NaN	5.5

使用 thresh 参数,当传入 thresh=N 时,表示要求一行至少具有 N 个非 NaN 才能存活。

【例 5-22】 dropna 中的 thresh 参数应用。

```
In[22]:    df = pd.DataFrame(np.random.randn(7, 3))
           df.iloc[:4, 1] = NA
           df.iloc[:2, 2] = NA
           print(df)
           df.dropna(thresh = 2)
```

```
Out[22]:          0          1          2
           0  0.176209        NaN        NaN
           1 -0.871199        NaN        NaN
           2  1.624651        NaN   0.829676
           3 -0.286038        NaN  -1.809713
           4 -0.640662   0.666998  -0.032702
           5 -0.453412  -0.708945   1.043190
           6 -0.040305  -0.290658  -0.089056
```

	0	1	2
2	1.624651	NaN	0.829676
3	-0.286038	NaN	-1.809713
4	-0.640662	0.666998	-0.032702
5	-0.453412	-0.708945	1.043190
6	-0.040305	-0.290658	-0.089056

2) 填充缺失值

直接删除有缺失值的样本并不是一个很好的方法,因此可以用一个特定的值替换缺失值。缺失值所在的特征为数值型时,通常使用其均值、中位数和众数等描述其集中趋势的统计量来填充;缺失值所在特征为类别型数据时,则选择众数来填充。Pandas 库中提供了缺失值替换的方法 fillna。

fillna 的格式：

```
pandas.DataFrame.fillna(value = None, method = None, axis = None, inplace = False,
limit = None)
```

fillna 参数及其说明见表 5-5。

表 5-5　fillna 参数及其说明

参 数 名 称	参 数 说 明
value	用于填充缺失值的标量值或字典对象
method	插值方式
axis	待填充的轴，默认为 axis＝0
inplace	修改调用者对象而不产生副本
limit	（对于前向和后向填充）可以连续填充的最大数量

通过一个常数调用 fillna 就会将缺失值替换为那个常数值，例如 df.fillna(0)用零代替缺失值；也可以通过一个字典调用 fillna，就可以实现对不同的列填充不同的值。

【例 5-23】　通过字典形式填充缺失值。

```
In[23]:    df = pd.DataFrame(np.random.randn(5,3))
           df.loc[:3,1] = NA
           df.loc[:2,2] = NA
           print(df)
           df.fillna({1:0.88,2:0.66})
Out[23]:          0          1          2
           0  0.861692        NaN        NaN
           1  0.911292        NaN        NaN
           2  0.465258        NaN        NaN
           3 -0.797297        NaN -0.342404
           4  0.658408   0.872754 -0.108814
```

	0	1	2
0	0.861692	0.880000	0.660000
1	0.911292	0.880000	0.660000
2	0.465258	0.880000	0.660000
3	-0.797297	0.880000	-0.342404
4	0.658408	0.872754	-0.108814

fillna 默认会返回新对象，但也可以通过参数 inplace＝True 对现有对象进行就地修改。对 reindex 有效的那些插值方法也可用于 fillna。

【例 5-24】　fillna 中 method 的应用。

```
In[24]:    df = pd.DataFrame(np.random.randn(6, 3))
           df.iloc[2:, 1] = NA
           df.iloc[4:, 2] = NA
           print(df)
           df.fillna(method = 'ffill')
```

```
Out[24]:              0         1         2
          0  -1.180338  -0.663622   0.952264
          1  -0.219780  -1.356420   0.742720
          2  -2.169303       NaN    1.129426
          3   0.139349       NaN   -1.463485
          4   1.327619       NaN        NaN
          5   0.834232       NaN        NaN
```

	0	1	2
0	-1.180338	-0.663622	0.952264
1	-0.219780	-1.356420	0.742720
2	-2.169303	-1.356420	1.129426
3	0.139349	-1.356420	-1.463485
4	1.327619	-1.356420	-1.463485
5	0.834232	-1.356420	-1.463485

可以使用 fillna 实现许多别的功能，例如可以传入 Series 的平均值或中位数。

【例 5-25】 用 Series 的均值填充。

```
In[25]:   data = pd.Series([1., NA, 3.5, NA, 7])
          data.fillna(data.mean())
Out[25]:  0    1.000000
          1    3.833333
          2    3.500000
          3    3.833333
          4    7.000000
          dtype: float64
```

【例 5-26】 在 DataFrame 中用均值填充。

```
In[26]:   df = pd.DataFrame(np.random.randn(4, 3))
          df.iloc[2:, 1] = NA
          df.iloc[3:, 2] = NA
          print(df)
          df[1] = df[1].fillna(df[1].mean())
          print(df)
Out[26]:           0          1          2
          0   0.656155   0.008442   0.025324
          1   0.160845   0.829127   1.065358
          2  -0.321155        NaN  -0.955008
          3   0.953510        NaN        NaN
                   0          1          2
          0   0.656155   0.008442   0.025324
          1   0.160845   0.829127   1.065358
          2  -0.321155   0.418785  -0.955008
          3   0.953510   0.418785        NaN
```

对于 fillna 的参数,可以通过"df.fillna?"进行帮助查看。

5.3.2　检测与处理重复值

数据中存在重复样本时只需保留一份即可,其余的可以做删除处理。在 DataFrame 中使用 duplicates 方法判断各行是否有重复数据。duplicates 方法返回一个布尔值的 Series,反映每一行是否与之前的行重复。

【例 5-27】　判断 DataFrame 中的重复数据。

```
In[27]:    data = pd.DataFrame({ 'k1':['one','two'] * 3 + ['two'],'k2':[1, 1, 2, 3, 1, 4, 4],
           'k3':[1,1,5,2,1, 4, 4] })
           print(data)
           data.duplicated()
Out[27]:        k1       k2       k3
           0    one       1        1
           1    two       1        1
           2    one       2        5
           3    two       3        2
           4    one       1        1
           5    two       4        4
           6    two       4        4
           0        False
           1        False
           2        False
           3        False
           4         True
           5        False
           6         True
           dtype: bool
```

Pandas 通过 drop_duplicates 删除重复的行,drop_duplicates 方法的格式为:

pandas.DataFrame(Series).drop_duplicates(self, subset = None, keep = 'first', inplace = False)

该方法常用的参数及其说明见表 5-6。

表 5-6　drop_duplicates 的主要参数及其说明

参 数 名 称	使 用 说 明
subset	接收 string 或 sequence,表示进行去重的列,默认全部列
keep	接收特定 string,表示重复时保留第几个数据,'first'保留第一个,'last'保留最后一个,'False'只要有重复都不保留,默认为 first
inplace	接收布尔型数据,表示是否在原表上进行操作,默认为 False

使用 drop_duplicates 方法去重时,当且仅当 subset 参数中的特征重复时才会执行去重操作,去重时可以选择保留哪一个或者不保留。

【例 5-28】 每行各个字段都相同时去重。

```
In[28]:    data.drop_duplicates()
Out[28]:
```

	k1	k2	k3
0	one	1	1
1	two	1	1
2	one	2	5
3	two	3	2
5	two	4	4

【例 5-29】 指定部分列重复时去重。

```
In[29]:    data.drop_duplicates(['k2','k3'])
Out[29]:
```

	k1	k2	k3
0	one	1	1
2	one	2	5
3	two	3	2
5	two	4	4

默认保留的数据为第一个出现的记录,通过传入 keep＝'last'可以保留最后一个出现的记录。

【例 5-30】 去重时保留最后出现的记录。

```
In[30]:    data.drop_duplicates(['k2','k3'],keep = 'last')
Out[30]:
```

	k1	k2	k3
2	one	2	5
3	two	3	2
4	one	1	1
6	two	4	4

5.3.3 检测与处理异常值

异常值是指数据中存在的个别数值明显偏离其余数据的值。异常值的存在会严重干扰数据分析的结果,因此经常要检验数据中是否有输入错误或含有不合理的数据。在数据统计方法中一般常用散点图、箱线图和 3σ 法则检测异常值。

1. 散点图方法

通过数据分布的散点图发现异常数据。

【例 5-31】 使用散点图检测异常值。

```
In[31]:    wdf = pd.DataFrame(np.arange(20),columns = ['W'])
           wdf['Y'] = wdf['W'] * 1.5 + 2
           wdf.iloc[3,1] = 128
           wdf.iloc[18,1] = 150
```

```
              wdf.plot(kind = 'scatter',x = 'W',y = 'Y')
Out[31]:      <matplotlib.axes._subplots.AxesSubplot at 0x2680853ca20>
```

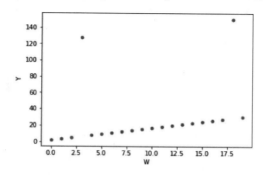

2. 箱线图分析

箱线图使用数据中的 5 个统计量(最小值、下四分位数、中位数、上四分位数和最大值)来描述数据,它也可以粗略地看出数据是否具有对称性、分布的分散程度等信息。

【例 5-32】 使用箱线图分析异常值。

```
In[32]:      import matplotlib.pyplot as plt
             plt.boxplot(wdf['Y'].values,notch = True)
Out[32]:
```

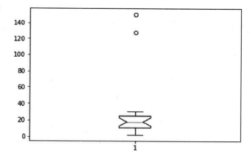

3. 3σ 法则

若数据服从正态分布,在 3σ 原则下,异常值被定义为一组测定值中与平均值的偏差超过 3 倍标准差的值,因为在正态分布的假设下,距离平均值 3σ 之外的值出现的概率小于 0.003。因此根据小概率事件,可以认为超出 3σ 之外的值为异常数据。

【例 5-33】 使用 3σ 法则检测异常值。

```
In[33]:      def outRange(S):
                 blidx = (S.mean() - 3 * S.std()> S)|(S.mean() + 3 * S.std()< S)
                 idx = np.arange(S.shape[0])[blidx]
                 outRange = S.iloc[idx]
                 return outRange
             outier = outRange(wdf['Y'])
             outier
Out[33]:  18     150.0
```

```
Name: Y, dtype: float64
```

5.3.4　数据转换

1. 数据值替换

数据值替换是将查询到的数据替换为指定数据。在 Pandas 中通过 replace 进行数据值的替换。

【例 5-34】　使用 replace 替换数据值。

```
In[34]:    data = {'姓名':['李红','小明','马芳','国志'],'性别':['0','1','0','1'],
           '籍贯':['北京','甘肃','','上海']}
           df = pd.DataFrame(data)
           df = df.replace('','不详')
           print(df)
Out[34]:       姓名    性别    籍贯
           0   李红      0    北京
           1   小明      1    甘肃
           2   马芳      0    不详
           3   国志      1    上海
```

也可以同时对不同值进行多值替换,参数传入的方式可以是列表,也可以是字典格式。传入的列表中,第一个列表为被替换的值,第二个列表是对应替换的值。

【例 5-35】　使用 replace 传入列表实现多值替换。

```
In[35]:    df = df.replace(['不详','甘肃'],['兰州','兰州'])
           print(df)
Out[35]:       姓名    性别    籍贯
           0   李红      0    北京
           1   小明      1    兰州
           2   马芳      0    兰州
           3   国志      1    上海
```

【例 5-36】　使用 replace 传入字典实现多值替换。

```
In[36]:    df = df.replace({'1':'男','0':'女'})
           print(df)
Out[36]:       姓名    性别    籍贯
           0   李红      女    北京
           1   小明      男    兰州
           2   马芳      女    兰州
           3   国志      男    上海
```

2. 使用函数或映射进行数据转换

在数据分析中,经常需要进行数据的映射或转换,在 Pandas 中可以自定义函数,然后通过 map 方法实现。

【例 5-37】 使用 map 方法映射数据。

```
In[37]:    data = {'姓名':['李红','小明','马芳','国志'],'性别':['0','1','0','1'],
           '籍贯':['北京','兰州','兰州','上海']}
           df = pd.DataFrame(data)
           df['成绩'] = [58,86,91,78]
           print(df)
           def grade(x):
               if x >= 90:
                   return '优'
               elif 70 <= x < 90:
                   return '良'
               elif 60 <= x < 70:
                   return '中'
               else:
                   return '差'
           df['等级'] = df['成绩'].map(grade)
           print(df)
Out[37]:        姓名    性别    籍贯    成绩
           0    李红     0    北京    58
           1    小明     1    兰州    86
           2    马芳     0    兰州    91
           3    国志     1    上海    78
                姓名    性别    籍贯    成绩    等级
           0    李红     0    北京    58    差
           1    小明     1    兰州    86    良
           2    马芳     0    兰州    91    优
           3    国志     1    上海    78    良
```

5.4　数据标准化

不同特征之间往往具有不同的量纲，由此造成数值之间的差异。为了消除特征之间量纲和取值范围的差异可能会造成的影响，需要对数据进行标准化处理。

5.4.1　离差标准化数据

离差标准化是对原始数据所做的一种线性变换，将原始数据的数值映射到[0,1]。转换公式如下：

$$x_1 = \frac{x - min}{max - min} \tag{5.1}$$

【例 5-38】 数据的离差标准化。

```
In[38]:    def MinMaxScale(data):
               data = (data - data.min())/(data.max() - data.min())
               return data
```

```
x = np.array([[ 1., -1., 2.],[ 2., 0., 0.],[ 0., 1., -1.]])
print('原始数据为:\n',x)
x_scaled = MinMaxScale(x)
print('标准化后矩阵为:\n',x_scaled,end = '\n')
```
Out[38]: 原始数据为:
[[1. -1.   2.]
 [2.   0.   0.]
 [0.   1. -1.]]
标准化后矩阵为:
[[0.66666667 0.   1.   ]
 [1.   0.33333333 0.33333333]
 [0.33333333 0.66666667 0.   ]]

5.4.2　标准差标准化数据

标准差标准化又称为零均值标准化或 z 分数标准化,是当前使用最广泛的数据标准化方法。经过该方法处理的数据均值为 0,标准差为 1,转换公式如下:

$$x_1 = \frac{x - mean}{std} \tag{5.2}$$

【例 5-39】　数据的标准差标准化。

```
In[39]:   def StandardScale(data):
              data = (data - data.mean())/data.std()
              return data
          x = np.array([[ 1., -1., 2.],[ 2., 0., 0.],[ 0., 1., -1.]])
          print('原始数据为:\n',x)
          x_scaled = StandardScale(x)
          print('标准化后矩阵为:\n',x_scaled,end = '\n')
```
Out[39]: 原始数据为:
[[1. -1.   2.]
 [2. 0.   0.]
 [0. 1. -1.]]
标准化后矩阵为:
[[0.52128604 -1.35534369   1.4596009]
 [1.4596009   -0.41702883 -0.41702883]
 [-0.41702883   0.52128604 -1.35534369]]
```

视频讲解

## 5.5　数据转换

数据分析的预处理除了数据清洗、数据合并和标准化之外,还包括数据变换的过程,如类别型数据变换和连续型数据的离散化。

### 5.5.1　类别型数据的哑变量处理

类别型数据是数据分析中十分常见的特征变量,但是在进行建模时,Python 不能像
```

R那样去直接处理非数值型的变量,因此往往需要对这些类别变量进行一系列转换,如哑变量。

哑变量(Dummy Variables)又称为虚拟变量,是用以反映质的属性的一个人工变量,是量化了的质变量,通常取值为 0 或 1。Python 中使用 Pandas 库中的 get_dummies 函数对类别型特征进行哑变量处理。

【例 5-40】　数据的哑变量处理。

```
In[40]:    df = pd.DataFrame([
                          ['green', 'M', 10.1, 'class1'],
                          ['red', 'L', 13.5, 'class2'],
                          ['blue', 'XL', 15.3, 'class1']])
           df.columns = ['color', 'size', 'prize','class label']
           print(df)
           pd.get_dummies(df)
Out[40]:     color size  prize class label
           0  green    M   10.1       class1
           1    red    L   13.5       class2
           2   blue   XL   15.3       class1
```

	prize	color_blue	color_green	color_red	size_L	size_M	size_XL	class label_class1	class label_class2
0	10.1	0	1	0	0	1	0	1	0
1	13.5	0	0	1	1	0	0	0	1
2	15.3	1	0	0	0	0	1	1	0

对于一个类别型特征,若取值有 m 个,则经过哑变量处理后就变成了 m 个二元互斥特征,每次只有一个激活,使得数据变得稀疏。

5.5.2　连续型变量的离散化

数据分析和统计的预处理阶段,经常会碰到年龄、消费等连续型数值,而很多模型算法,尤其是分类算法,都要求数据是离散的,因此要将数值进行离散化分段统计以提高数据区分度。

常用的离散化方法主要有等宽法、等频法和聚类分析法。

1. 等宽法

将数据的值域划分成具有相同宽度的区间,区间个数由数据本身的特点决定或由用户指定。Pandas 提供了 cut 函数,可以进行连续型数据的等宽离散化。cut 函数的基本语法格式为:

pandas.cut(x, bins, right = True, labels = None, retbins = False, precision = 3)

cut 函数的主要参数及其说明见表 5-7。

表 5-7　**cut 函数的主要参数及其说明**

参 数 名 称	说　　　明
x	接收 array 或 Series,待离散化的数据
bins	接收 int、list、array 和 tuple。若为 int 指离散化后的类别数目,若为序列型则表示进行切分的区间,每两个数的间隔为一个区间
right	接收 boolean,代表右侧是否为闭区间,默认为 True
labels	接收 list、array,表示离散化后各个类别的名称,默认为空
retbins	接收 boolean,代表是否返回区间标签,默认为 False
precision	接收 int,显示标签的精度,默认为 3

【例 5-41】　cut 函数应用。

```
In[41]:    np.random.seed(666)
           score_list = np.random.randint(25, 100, size = 10)
           print('原始数据:\n', score_list)
           bins = [0, 59, 70, 80, 100]
           score_cut = pd.cut(score_list, bins)
           print(pd.value_counts(score_cut))
           # 统计每个区间人数
Out[41]:   原始数据:
           [27 70 55 87 95 98 55 61 86 76]
           (80, 100]   4
           (0, 59]     3
           (59, 70]    2
           (70, 80]    1
           dtype: int64
```

使用等宽法离散化对数据分布具有较高要求,若数据分布不均匀,那么各个类的数目也会变得不均匀。

2. 等频法

cut 函数虽然不能够直接实现等频离散化,但可以通过定义将相同数量的记录放进每个区间。

【例 5-42】　等频法离散化连续型数据。

```
In[42]:    def SameRateCut(data,k):
               k = 2
               w = data.quantile(np.arange(0,1 + 1.0/k,1.0/k))
               data = pd.cut(data,w)
               return data
           result = SameRateCut(pd.Series(score_list),3)
           result.value_counts()
Out[42]:   (73.0, 98.0]    5
           (27.0, 73.0]    4
           dtype: int64
```

相比较于等宽法,等频法避免了类分布不均匀的问题,但同时也有可能将数值非常接近的两个值分到不同的区间以满足每个区间对数据个数的要求。

3. 聚类分析法

一维聚类的方法包括两步,首先将连续型数据用聚类算法(如 K-Means 算法等)进行聚类,然后处理聚类得到的簇,为合并到一个簇的连续型数据做同一标记。聚类分析的离散化需要用户指定簇的个数来决定产生的区间数。

5.6　本章小结

本章主要针对数据预处理阶段的需求,介绍了使用 Pandas 数据载入、合并数据、数据清洗、数据标准化及数据转换的典型方法。

本章实训

本实训将第 4 章用到的小费数据集进行随机修改后(tips_mod.xls)进行预处理。

1. 导入模块

```
In[1]:    import pandas as pd
          import numpy as np
```

2. 获取数据

导入待处理数据 tips_mod.xls,并显示前 5 行。

```
In[2]:    fdata = pd.read_excel('D:/dataset/tips_mod.xls')
          fdata.head()
```

Out[2]:

	total_bill	tip	sex	smoker	day	time	size
0	16.99	1.01	Female	No	Sun	Dinner	2
1	10.34	1.66	Male	No	Sun	Dinner	3
2	21.01	3.50	Male	No	Sun	Dinner	3
3	23.68	3.31	Male	No	Sun	Dinner	2
4	24.59	3.61	Female	No	Sun	Dinner	4

3. 分析数据

(1) 查看数据的描述信息。

```
In[3]:    print(fdata.shape)
          fdata.describe()
```

Out[3]:　　　　(244.7)

	total_bill	tip	size
count	241.000000	241.000000	241.000000
mean	19.756141	2.997842	2.568465
std	8.933394	1.379711	0.951140
min	3.070000	1.000000	1.000000
25%	13.280000	2.000000	2.000000
50%	17.780000	2.920000	2.000000
75%	24.080000	3.550000	3.000000
max	50.810000	10.000000	6.000000

通过结果可以看出，共有244条记录，通过每个字段的均值和方差，看不出数据有异常。

（2）显示用餐时间time的不重复值。

```
In[4]:    fdata['time'].unique()
Out[4]:   array(['Dinner', 'Diner', 'Dier', 'Lunch', nan], dtype = object)
```

从结果发现有两个拼写错误"Diner"和"Dier"。

（3）修改拼写错误的字段值。

```
In[5]:    fdata.ix[fdata['time'] == 'Diner','time'] = 'Dinner'
          fdata.ix[fdata['time'] == 'Dier','time'] = 'Dinner'
          fdata['time'].unique()
Out[5]:   array(['Dinner', 'Lunch', nan], dtype = object)
```

（4）检测数据中的缺失值。

```
In[6]:    fdata.isnull().sum()
Out[6]:   total_bill    3
          tip           3
          sex           2
          smoker        0
          day           0
          time          2
          size          3
          dtype: int64
```

（5）删除一行内有两个缺失值的数据。

```
In[7]:    fdata.dropna(thresh = 6,inplace = True)
          fdata.isnull().sum()
Out[7]:   total_bill    2
          tip           3
          sex           2
          smoker        0
          day           0
          time          2
```

```
          size               3
          dtype: int64
```

（6）删除 sex 或 time 为空的行。

```
In[8]:    fdata.dropna(subset = ['sex','time'],inplace = True)
          fdata.isnull().sum()
Out[8]:   total_bill         2
          tip                3
          sex                0
          smoker             0
          day                0
          time               0
          size               3
          dtype: int64
```

（7）对剩余有空缺的数据用平均值替换。

```
In[9]:    fdata.fillna(data.mean(),inplace = True)
          fdata.isnull().sum()
Out[9]:   total_bill         0
          tip                0
          sex                0
          smoker             0
          day                0
          time               0
          size               0
          dtype: int64
```

第 6 章

Matplotlib数据可视化基础

对数据的分析离不开数据的可视化。相比于 Python 在数据分析、人工智能和量化投资等领域中的发展,它在数据可视化方面的发展稍显落后。经典的 Python 可视化绘图莫过于 Matplotlib,Matplotlib 就是 MATLAB＋Plot＋Library,即模仿 MATLAB 绘图库,其绘图风格和 MATLAB 类似。

6.1 Matplotlib 简介

Matplotlib 首次发表于 2007 年,是 Python 的一套基于 NumPy 的绘图工具包。Matplotlib 提供了一整套在 Python 下实现的类似 MATLAB 的纯 Python 的第三方库,旨在用 Python 实现和 MATLAB 相似的命令 API,十分适合交互式绘制图表。其风格跟MATLAB 相似,同时也继承了 Python 的简单明了。近年来,在开源社区的推动下,Matplotlib 在科学计算领域得到了广泛应用,成为 Python 中应用非常广的绘图工具包之一。

Matplotlib 模块依赖于 NumPy 和 Tkinter 模块,可以绘制多种形式的图形,包括线图、直方图、饼图、散点图等,图形质量满足出版要求,是数据可视化的重要工具。Matplotlib 中应用最广的是 Matplotlib.pyplot 模块。Pyplot 提供了一套和 MATLAB类似的绘图 API,使得 Matplotlib 的机制更像 MATLAB。我们只需要调用 Pyplot 模块所提供的函数就可以实现快速绘图并设置图表的各个细节。

在 Jupyter Notebook 中进行交互式绘图,需要执行以下语句:

```
% matplotlib notebook
```

使用 Matplotlib 时,其导入惯例为:

```
import matplotlib.pyplot as plt
```

6.2　Matplotlib 绘图基础

6.2.1　创建画布与子图

Matplotlib 所绘制的图形位于图片（Figure）对象中,绘图常用方法及其说明见表 6-1。

表 6-1　Matplotlib 绘图常用方法及其说明

函 数 名 称	函 数 作 用
plt. figure	创建一个空白画布,可以指定画布大小
figure. add_subplot	创建并选中子图,可以指定子图行数、列数与选中图片编号

表 6-1 中,plt. figure 的主要作用是构建一张空白的画布,并可以选择是否将整个画布划分为多个区域,方便在同一幅图片上绘制多个图形。最简单的绘图可以省略 plt. figure 部分,而直接在默认的画布上进行图形绘制。

【例 6-1】　创建子图。

```
In[1]:     import matplotlib.pyplot as plt
           fig = plt.figure()
           #不能使用空白的 figure 绘图,需要创建子图
           ax1 = fig.add_subplot(2,2,1)
           ax2 = fig.add_subplot(2,2,2)
           ax3 = fig.add_subplot(2,2,3)
Out[1]:
```

【例 6-2】　绘制子图。

```
In[2]:     fig = plt.figure()
           ax1 = fig.add_subplot(2,2,1)
           ax2 = fig.add_subplot(2,2,2)
           ax3 = fig.add_subplot(2,2,3)
           ax1.plot([1.5,2,3.5, − 1,1.6])
```

Out[2]: [<matplotlib.lines.Line2D at 0x1e2c7b94588>]

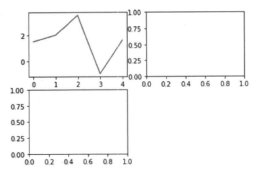

可以用语句"fig,axes = plt.subplots(2,3)"创建一个新的图片,然后返回包含了已生成子图对象的 NumPy 数组。数组 axes 可以像二维数组那样方便地进行索引,如axes[0,1],也可以通过 sharex 和 sharey 表明子图分别拥有相同的 X 轴和 Y 轴。

【例 6-3】 创建子图序列。

In[3]:   fig , axes = plt.subplots(2,3)
Out[3]:

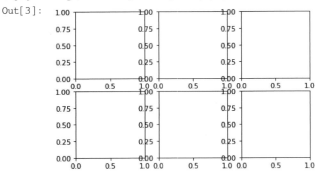

【例 6-4】 调整子图周围的间距。

In[4]:
```
import numpy as np
fig,axes = plt.subplots(2,2,sharex = True,sharey = True)
for i in range(2):
    for j in range(2):
        axes[i,j].hist(np.random.randn(500),bins = 50,color = 'k',alpha = 0.5)
plt.subplots_adjust(wspace = 0,hspace = 0)
```

Out[4]:

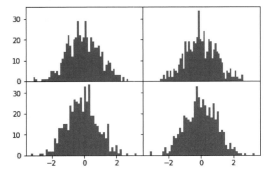

6.2.2 添加画布内容

在画布上绘制图形,需要设置绘图的一些属性,如标题、轴标签等。其中的添加标题、添加坐标轴名称、绘制图形等步骤是并列的,没有先后顺序,但是添加图例必须要在绘制图形之后。Pyplot 中添加各类标签和图例的函数见表 6-2。

表 6-2 画布中属性设置常用的函数名称及其说明

函 数 名 称	函 数 说 明
plt. title	在当前图形中添加标题,可以指定标题的名称、位置、颜色、字体大小等参数
plt. xlabel	在当前图形中添加 X 轴名称,可以指定位置、颜色、字体等参数
plt. ylabel	在当前图形中添加 Y 轴名称,可以指定位置、颜色、字体等参数
plt. xlim	指定当前图形 X 轴的范围,只能确定一个数值区间
plt. ylim	指定当前图形 Y 轴的范围,只能确定一个数值区间
plt. xticks	指定 X 轴刻度的数目与取值
plt. yticks	指定 Y 轴刻度的数目与取值
plt. legend	指定当前图形的图例,可以指定图例的大小、位置、标签

【例 6-5】 绘图时设置坐标轴属性。

```
In[5]:    data = np.arange(0,1,0.01)
          plt.title('my lines example')
          plt.xlabel('X')
          plt.ylabel('Y')
          plt.xlim(0,1)
          plt.ylim(0,1)
          plt.xticks([0,0.2,0.4,0.6,0.8,1])
          plt.yticks([0,0.2,0.4,0.6,0.8,1])
          plt.tick_params(labelsize = 12)
          plt.plot(data,data ** 2)
          plt.plot(data,data ** 3)
          plt.legend(['y = x^2','y = x^3'])
          plt.show()
Out[5]:
```

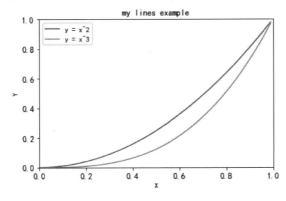

【例 6-6】 包含子图绘制的基础语法。

```
In[6]:    data = np.arange(0,np.pi * 2,0.01)
          fig1 = plt.figure(figsize = (9,7),dpi = 90)          #确定画布大小
          ax1 = fig1.add_subplot(1,2,1)                        #绘制第1幅子图
          plt.title('lines example')
          plt.xlabel('X')
          plt.ylabel('Y')
          plt.xlim(0,1)
          plt.ylim(0,1)
          plt.xticks([0,0.2,0.4,0.6,0.8,1])
          plt.yticks([0,0.2,0.4,0.6,0.8,1])
          plt.plot(data,data ** 2)
          plt.plot(data,data ** 3)
          plt.legend(['y = x^2','y = x^3'])
          ax1 = fig1.add_subplot(1,2,2)                        #绘制第2幅子图
          plt.title('sin - cos')
          plt.xlabel('X')
          plt.ylabel('Y')
          plt.xlim(0,np.pi * 2)
          plt.ylim( - 1,1)
          plt.xticks([0,np.pi/2,np.pi,np.pi * 3/2,np.pi * 2])
          plt.yticks([ - 1, - 0.5,0,0.5,1])
          plt.plot(data,np.sin(data))
          plt.plot(data,np.cos(data))
          plt.legend(['sin','cos'])
          plt.show()
```

Out[6]:

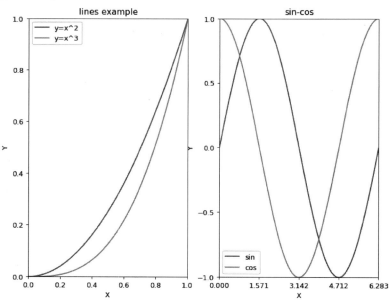

图例是图中各种符号和颜色所代表内容与指标的说明。Matplotlib 中通过 Legend 函数绘制图例。关于 plt.legend()的说明如下。

参数 loc 用于设置图例位置,取值有

| 0：'best'
 1：'upper right'
 2：'upper left'
 3：'lower left' | 4：'lower right'
 5：'right'
 6：'center left' | 7：'center right'
 8：'lower center'
 9：'upper center'
 10：'center' |

fontsize 用于设置字体大小，常取值为 int 型数值。

常用设置示例：

```
plt.legend(loc = 'best',frameon = False)
#去掉图例边框，推荐使用
plt.legend(loc = 'best',edgecolor = 'blue')
#设置图例边框颜色
plt.legend(loc = 'best',facecolor = 'blue')
#设置图例背景颜色，若无边框，参数无效
```

6.2.3　绘图的保存与显示

绘图完成后，需要显示或保存。图形显示和保存的函数见表 6-3。

表 6-3　绘图显示和保存的函数

函 数 名 称	函 数 作 用
plt.savefig	保存绘制的图片，可以指定图片的分辨率、边缘的颜色等参数
plt.show	在本机显示图形

表 6-4 中给出了 savefig 的选项及其说明。

表 6-4　figure.savefig 选项及其说明

选　　项	说　　明
fname	包含文件路径或 Python 文件型对象的字符串。图片格式是从文件扩展名中推断出来的（例如 PDF 格式的 .pdf）
dpi	设置每英寸点数的分辨率，默认为 100
facecolor,edgecolor	子图之外的图形背景颜色，默认是 'w'（白色）
format	文件格式（'png'、'pdf'、'svg'、'ps'等）
bbox_inches	要保存的图片范围，设置为 'tight' 则去除图片周围的空白

6.3　设置 Pyplot 的动态 rc 参数

Matplotlib 配置了配色方案和默认设置，主要用来准备用于发布的图片。有两种方式可以设置参数，即全局参数定制和 rc 设置方法。

视频讲解

查看 matplotlib 的 rc 参数：

```
import matplotlib as plt
print(plt.rc_params())
```

6.3.1 全局参数定制

Matplotlib 的全局参数可以通过编辑其配置文件设置。

【例 6-7】 查看用户的配置文件目录。

```
In[7]:    import matplotlib as plt
          print(plt.matplotlib_fname())
          ♯ 显示当前用户的配置文件目录
```

查找到当前用户的配置文件目录,然后用编辑器打开,修改 matplotlibrc 文件,即可修改配置参数。

6.3.2 rc 参数设置

使用 Python 编程修改 rc 参数,rc 参数名称及其取值见表 6-5～表 6-7。

表 6-5 rc 参数名称及其取值

rc 参数名称	解　释	取　值
lines. linewidth	线条宽度	取 0～10 的数值,默认为 1.5
lines. linestyle	线条样式	取"-""--""-."":"4 种,默认为"-"
lines. marker	线条上点的形状	可取"o""D"等 20 种,默认为 None
lines. markersize	点的大小	取 0～10 的数值,默认为 1

表 6-6 线条样式 lines. linestyle 的取值

linestyle 取值	意　义	linestyle 取值	意义
-	实线	-.	点线
--	长虚线	:	短虚线

表 6-7 lines. marker 参数的取值

marker 取值	意义	marker 取值	意义
'o'	圆圈	'.'	点
'D'	菱形	's'	正方形
'h'	六边形 1	'*'	星号
'H'	六边形 2	'd'	小菱形
'-'	水平线	'v'	一角朝下的三角形
'8'	八边形	'<'	一角朝左的三角形
'p'	五边形	'>'	一角朝右的三角形
','	像素	'^'	一角朝上的三角形
'+'	加号	'|'	竖线
'None'	无	'x'	X

需要注意的是,由于默认的 Pyplot 字体并不支持中文字符的显示,因此需要通过设置 font. sans-serif 参数改变绘图时的字体,使得图形可以正常显示中文。同时,由于更改字体后,会导致坐标轴中的部分字符无法显示,因此需要同时更改 axes. unicode_minus 参数。

```
plt.rcParams['font.family'] = ['SimHei']          # 用来显示中文标签
plt.rcParams['axes.unicode_minus'] = False        # 用来正常显示负号
```

除了设置线条和字体的 rc 参数外,还有设置文本、箱线图、坐标轴、刻度、图例、标记、图片、图像保存等 rc 参数。具体参数与取值可以参考官方文档。

【例 6-8】 rc 参数设置示例 1。

```
In[8]:    import numpy as np
          import matplotlib.pyplot as plt
          fig,ax = plt.subplots()
          # 配置中文显示
          plt.rcParams['font.family'] = ['SimHei']
          plt.rcParams['axes.unicode_minus'] = False
          def f(t):
              return np.cos(2 * np.pi * t)
          x1 = np.arange(0.0,4.0,0.5)
          x2 = np.arange(0.0,4.0,0.01)
          plt.figure(1)
          plt.subplot(2,2,1)
          plt.plot(x1,f(x1),'bo',x2,f(x2),'k')
          plt.title('子图 1')
          plt.subplot(2,2,2)
          plt.plot(np.cos(2 * np.pi * x2),'r--')
          plt.title('子图 2')
          plt.show()
```

Out[8]:

【例 6-9】 rc 参数设置示例 2。

```
In[9]:    fig = plt.figure()
          ax = fig.add_subplot(1,1,1)
          ax.plot(np.random.randn(30).cumsum(),color = 'k',linestyle = 'dashed',
          marker = 'o',label = 'one')
          ax.plot(np.random.randn(30).cumsum(),color = 'k',linestyle = 'dashed',
          marker = '+',label = 'two')
          ax.plot(np.random.randn(30).cumsum(),color = 'k',linestyle = 'dashed',
          marker = 'v',label = 'three')
          ax.legend(loc = 'best')
```

Out[9]:

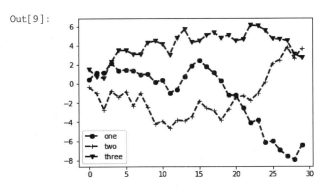

可以用 set_xticks 设置 X 轴刻度。

【例 6-10】 用 set_xticks 设置刻度。

```
In[10]:    ax.set_xticks([0,5,10,15,20,25,30,35])
Out[10]:
```

可以用 set_xticklabels 改变刻度,设置刻度的旋转角度及字体等。

【例 6-11】 用 set_xticklabels 改变刻度。

```
In[11]:    ax.set_xticklabels(['x1','x2','x3','x4','x5'],rotation = 30,fontsize = 'large')
Out[11]:
```

其中,rotation 参数表示 x 坐标标签的旋转角度;fontsize 为字号,可以取值为
"xx-small""x-small""small""medium""large""x-large""xx-large""larger""smaller"和
"None"。

6.3.3 绘图的填充

1. 调用函数 fill_between()实现曲线下面部分区域的填充

【例 6-12】 使用 fill_between()填充区域。

```
In[12]:   x = np.linspace(0,1,500)
          y = np.sin(3 * np.pi * x) * np.exp( - 4 * x)
          fig,ax = plt.subplots()
          plt.plot(x,y)
          plt.fill_between(x, 0, y, facecolor = 'green', alpha = 0.3)
```

Out[12]:

其中,参数 x 表示整个 X 轴都覆盖;0 表示覆盖的下限;y 表示覆盖的上限是 y 这条曲线;facecolor 表示覆盖区域的颜色;alpha 表示覆盖区域的透明度[0,1],其值越大,表示越不透明。

2. 部分区域的填充

【例 6-13】 使用 fill_between()填充部分区域。

```
In[13]:   plt.fill_between(x[15:300], 0, 0.4, facecolor = 'green', alpha = 0.3)
```
Out[13]:

3．两条曲线之间的区域填充

【例6-14】 使用 fill_between() 填充曲线之间的区域。

```
In[14]:   x = np.linspace(0,1,500)
          y1 = np.sin(3 * np.pi * x) * np.exp(-4 * x)
          y2 = y1 + 0.2
          plt.plot(x, y1, 'b')
          plt.plot(x, y2, 'r')
          plt.fill_between(x, y1, y2, facecolor = 'green', alpha = 0.3)
          plt.show()
```

Out[14]:

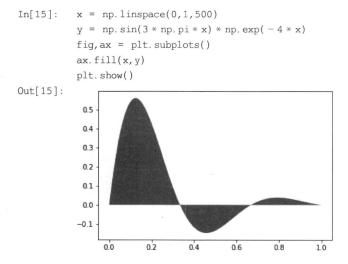

4．直接使用 fill 进行绘图的填充

【例6-15】 使用 fill 进行绘图的填充。

```
In[15]:   x = np.linspace(0,1,500)
          y = np.sin(3 * np.pi * x) * np.exp(-4 * x)
          fig,ax = plt.subplots()
          ax.fill(x,y)
          plt.show()
```

Out[15]:

6.3.4　文本注解

绘图时有时需要在图表中加入文本注解，这时可以通过 text 函数在指定的位置（x,y）加入，也可以利用 annotate() 在图中实现带有指向型的文本注释。例如在柱状图上加入文本数字,可以清楚地显示每个类别的数量,如 6 个城市 8 月份的日均最高气温。

城市	西宁	兰州	北京	上海	广州	拉萨
温度	25	30	32	34	34	23

【例 6-16】　绘制气温柱状图并标注。

```
In[16]:    import numpy as np
           import matplotlib.pyplot as plt
           plt.rcParams['font.family'] = ['SimHei']
           data = [25,30,32,34,34,23]
           label = ['西宁','兰州','北京','上海','广州','拉萨']
           plt.xticks(range(len( data)),label)
           plt.xlabel('城市')
           plt.ylabel('温度')
           plt.title('六城市8月份日均最高气温')
           plt.bar(range(len( data)),data)
           for x,y in zip(range(len(data)),data):
               plt.text(x,y,y,ha = 'center',va = 'bottom')
           plt.annotate('很凉快',xy = (5,25), xytext = (6,31),arrowprops = {'headwidth':8,'
           facecolor':'b'})
           plt.show()
Out[16]:
```

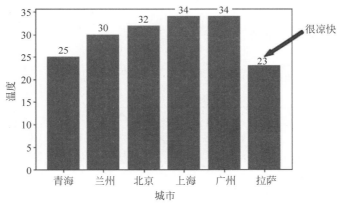

6.4　Pyplot 中的常用绘图

视频讲解

6.4.1　折线图

折线图(Line Chart)是一种将数据点按照顺序连接起来的图形,也可以看作是将散点图按照 X 轴坐标顺序连接起来的图形。折线图的主要功能是查看因变量 y 随着自变量 x 改变的趋势,最适合用于显示随时间(根据常用比例设置)而变化的连续数据。同时,还可以看出数量的差异、增长趋势的变化。

绘制折线图 plot 的格式:

```
matplotlib.pyplot.plot(*args,**kwargs)
```

plot 函数在官方文档的语法中只要求填入不定长参数,实际可以填入的主要参数及其说明见表 6-8。

表 6-8　plot 主要参数及其说明

参 数 名 称	说　　明
x,y	接收 array,表示 X 轴和 Y 轴对应的数据,无默认
color	接收特定 string,指定线条的颜色,默认为 None
linestyle	接收特定 string,指定线条的类型,默认为"-"
marker	接收特定 string,表示绘制的点的类型,默认为 None
alpha	接收 0~1 的小数,表示点的透明度,默认为 None

color 参数的 8 种常用颜色的缩写见表 6-9。

表 6-9　color 参数的常用颜色缩写

颜 色 缩 写	代表的颜色	颜 色 缩 写	代表的颜色
b	蓝色	m	品红
g	绿色	y	黄色
r	红色	k	黑色
c	青色	w	白色

【例 6-17】　简单折线图绘制。

```
In[17]:    x1 = np.arange(0, 30)
           plt.plot(x1,x1 * 2, 'b')
           plt.show()
Out[17]:
```

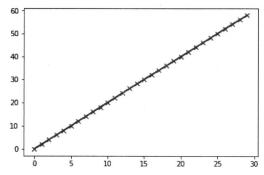

【例 6-18】　绘制折线图示例。

```
In[18]:    x = np.arange(9)
           y = np.sin(x)
           z = np.cos(x)
           # marker 数据点样式,linewidth 线宽,linestyle 线型样式,color 颜色
           plt.plot(x, y, marker = '*', linewidth = 1, linestyle = '--', color = 'orange')
           plt.plot(x, z)
           plt.title('matplotlib')
           plt.xlabel('height',fontsize = 15)
           plt.ylabel('width',fontsize = 15)
```

```
plt.legend(['Y','Z'], loc = 'upper right')
plt.grid(True)
plt.show()
```

Out[18]:

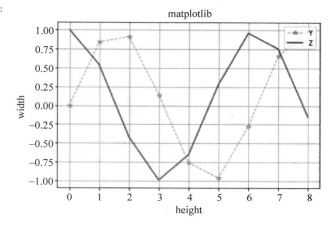

6.4.2 散点图

散点图(Scatter Diagram)又称为散点分布图,是以一个特征为横坐标,另一个特征为纵坐标,使用坐标点(散点)的分布形态反映特征间统计关系的一种图形。值是由点在图表中的位置表示,类别是由图表中的不同标记表示,通常用于比较跨类别的数据。

scatter 方法的格式:

```
matplotlib.pyplot.scatter(x, y, s = None, c = None, marker = None, alpha = None)
```

scatter 函数主要参数及其说明见表 6-10。

表 6-10 **scatter 的主要参数及其说明**

参数名称	说 明
x,y	接收 array,表示 X 轴和 Y 轴对应的数据,无默认
s	接收数值或者一维的 array,指定点的大小,若传入一维 array 则表示每个点的大小,默认为 None
c	接收颜色或者一维的 array,指定点的颜色,若传入一维 array 则表示每个点的颜色,默认为 None
marker	接收特定 string,表示绘制的点的类型,默认为 None
alpha	接收 0~1 的小数,表示点的透明度,默认为 None

【例 6-19】 scatter 绘图示例 1。

```
In[19]:   fig,ax = plt.subplots()
          plt.rcParams['font.family'] = ['SimHei']
          plt.rcParams['axes.unicode_minus'] = False
          x1 = np.arange(1,30)
          y1 = np.sin(x1)
          ax1 = plt.subplot(1,1,1)
```

```
plt.title('散点图')
plt.xlabel('X')
plt.ylabel('Y')
lvalue = x1
ax1.scatter(x1,y1,c = 'r',s = 100,linewidths = lvalue,marker = 'o')
plt.legend('x1')
plt.show()
```

Out[19]:

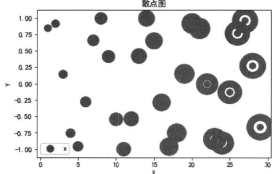

【例 6-20】 scatter 绘图示例 2。

In[20]:
```
fig,ax = plt.subplots()
plt.rcParams['font.family'] = ['SimHei']
plt.rcParams['axes.unicode_minus'] = False
for color in ['red','green','blue']:
    n = 500
    x,y = np.random.randn(2,n)
    ax.scatter(x,y,c = color,label = color,alpha = 0.3,edgecolors = 'none')
ax.legend()
ax.grid(True)
plt.show()
```

Out[20]:

6.4.3 直方图

直方图(Histogram)又称质量分布图,是统计报告图的一种,由一系列高度不等的纵向条纹或线段表示数据分布的情况,一般用横轴表示数据所属类别,纵轴表示数量或者占比。用直方图可以比较直观地看出产品质量特性的分布状态，便于判断其总体质量分布情况。直方图可以发现分布表无法发现的数据模式、样本的频率分布和总体的分布。

绘制直方图函数 bar 的格式：

```
matplotlib.pyplot.bar(left,height,width = 0.8,bottom = None,hold = None,data = None)
```

函数 bar 的常用参数及其说明见表 6-11。

表 6-11　bar 函数常用参数及其说明

参 数 名 称	使 用 说 明
left	接收 array，表示 X 轴数据，无默认
height	接收 array，表示 X 轴所代表数据的数量，无默认
width	接收 0～1 的 float，指定直方图宽度，默认为 0.8
color	接收特定 string 或者包含颜色字符串的 array，表示直方图颜色，默认为 None

【例 6-21】　bar 绘图示例 1。

```
            import pandas as pd
In[21]:     fig,axes = plt.subplots(2,1)
            data = pd.Series(np.random.randn(16),index = list('abcdefghijklmnop'))
            data.plot.bar(ax = axes[0],color = 'k',alpha = 0.7)      #垂直柱状图
            data.plot.barh(ax = axes[1],color = 'k',alpha = 0.7)     #alpha 设置透明度
```

Out[21]:

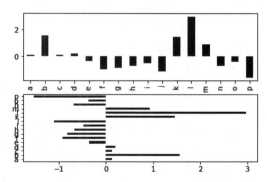

【例 6-22】　bar 绘图示例 2。

```
In[22]:     fig,ax = plt.subplots()
            plt.rcParams['font.family'] = ['SimHei']
            plt.rcParams['axes.unicode_minus'] = False
            x = np.arange(1,6)
            Y1 = np.random.uniform(1.5,1.0,5)
            Y2 = np.random.uniform(1.5,1.0,5)
            plt.bar(x,Y1,width = 0.35,facecolor = 'lightskyblue',edgecolor = 'white')
            plt.bar(x + 0.35,Y2,width = 0.35,facecolor = 'yellowgreen',edgecolor = 'white')
            plt.show()
```

Out[22]:

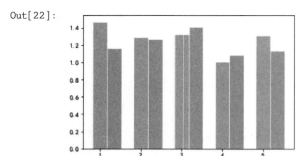

6.4.4 饼图

饼图(Pie Graph)用于表示不同分类的占比情况,通过弧度大小来对比各种分类。饼图可以比较清楚地反映出部分与部分、部分与整体之间的比例关系,易于显示每组数据相对于总数的大小,而且显现方式直观。

绘制饼图 pie 方法的格式:

```
matplotlib.pyplot.pie(x, explode = None, labels = None, colors = None, autopct = None,
pctdistance = 0.6, shadow = False, labeldistance = 1.1, startangle = None, radius = None, ··· )
```

pie 函数常用参数及其说明见表 6-12。

表 6-12 pie 函数常用参数及其说明

参 数 名 称	说 明
x	接收 array,表示用于绘制饼图的数据,无默认
explode	接收 array,指定项离饼图圆心为 n 个半径,默认为 None
labels	接收 array,指定每一项的名称,默认为 None
color	接收特定 string 或包含颜色字符串的 array,表示颜色,默认为 None
autopct	接收特定 string,指定数值的显示方式,默认为 None
pctdistance	float 型,指定每一项的比例和距离饼图圆心 n 个半径,默认为 0.6
labeldistance	float 型,指定每一项的名称和距离饼图圆心的半径数,默认为 1.1
radius	float 型,表示饼图的半径,默认为 1

【例 6-23】 pie 绘图示例。

```
In[23]:    plt.figure(figsize = (6,6))
           #建立轴的大小
           labels = ['Springs','Summer','Autumn','Winter']
           x = [15,30,45,10]
           explode = (0.05,0.05,0.05,0.05)
           #这个是控制分离的距离的,默认饼图不分离
           plt.pie(x,labels = labels,explode = explode,startangle = 60,autopct =
           '%1.1f % %')
           #autopct 在图中显示比例值,注意值的格式
           plt.title('Rany days by season')
```

```
            plt.show()
Out[23]:
```

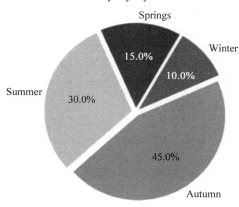

6.4.5　箱线图

箱线图(Boxplot)也称盒须图,通过绘制反映数据分布特征的统计量,提供有关数据位置和分散情况的关键信息,尤其在比较不同特征时,更可表现其分散程度差异。箱线图使用数据中的5个统计量(最小值、下四分位数、中位数、上四分位数和最大值)来描述数据,它也可以粗略地看出数据是否具有对称性、分布的分散程度等信息,特别可以用于对几个样本的比较。

boxplot函数的格式:

```
matplotlib.pyplot.boxplot(x, notch = None, sym = None, vert = None, whis = None, positions =
None, widths = None, patch_artist = None, meanline = None, labels = None, ... )
```

boxplot函数常用参数及其说明见表6-13。

表 6-13　boxplot 函数常用参数及其说明

参 数 名 称	说　明
x	接收 array,表示用于绘制箱线图的数据,无默认
notch	接收 boolean,表示中间箱体是否有缺口,默认为 None
sym	接收特定 string,指定异常点形状,默认为 None
vert	接收 boolean,表示图形是纵向或者横向,默认为 None
positions	接收 array,表示图形位置,默认为 None
widths	接收 scalar 或者 array,表示每个箱体的宽度,默认为 None
labels	接收 array,指定每一个箱线图的标签,默认为 None
meanline	接收 boolean,表示是否显示均值线,默认为 False

【例 6-24】　boxplot 绘图示例。

```
In[24]:      import numpy as np
             import matplotlib.pyplot as plt
```

```
import pandas as pd
np.random.seed(2)                  #设置随机种子
df = pd.DataFrame(np.random.rand(5,4),columns = ['A','B','C','D'])
                   #生成 0~1 的 5×4 维度数据并存入 4 列 DataFrame 中
df.boxplot()                       #也可用 plt.boxplot(df)
plt.show()
```

Out[24]:

6.4.6 概率图

概率图模型是图灵奖获得者 Pearl 提出的用来表示变量间概率依赖关系的理论。正态分布又名高斯分布。正态概率密度函数 normpdf(X,mu,sigma),其中,X 为向量,mu 为均值,sigma 为标准差。

【例 6-25】 绘制概率图。

```
In[25]:   from scipy.stats import norm
          fig,ax = plt.subplots()
          plt.rcParams['font.family'] = ['SimHei']
          plt.rcParams['axes.unicode_minus'] = False
          np.random.seed(1587554)
          mu = 100
          sigma = 15
          x = mu + sigma * np.random.randn(437)
          num_bins = 50
          n,bins,patches = ax.hist(x,num_bins,normed = 1)
          y = norm.pdf(bins,mu,sigma)
          ax.plot(bins,y,'--')
          fig.tight_layout()
          plt.show()
```

Out[25]:

6.5　词云

词云用于对网络文本中出现频率较高的关键词予以视觉上的突出，形成"关键词云层"或"关键词渲染"，从而过滤掉大量的文本信息，使浏览网页者只要一眼扫过文本就可以领略文本的主旨。

6.5.1　安装相关的包

绘制词云需要 WordCloud 和 jieba 包。jieba 用于从文中的句子里分割出词汇。两个包的安装语句如下：

```
pip install wordcloud
pip install jieba
```

6.5.2　词云生成过程

一般生成词云的过程为：

（1）使用 Pandas 读取数据并将需要分析的数据转化为列表。

（2）对获得的列表数据使用分词工具 jieba 进行遍历分词。

（3）使用 WordCloud 设置词云图片的属性、掩码和停用词，并生成词云图像。

6.5.3　词云生成示例

【例 6-26】　首先在智联招聘网站爬取"Java 软件开发工程师"的薪资、岗位职责及任职要求数据，然后选取任职要求数据（requirements）进行分析并生成词云。

```
In[26]:    import jieba
           import pandas as pd
           import matplotlib.pyplot as plt
           from wordcloud import WordCloud,STOPWORDS
           from SciPy.misc import imread
           def get_wordList():
               df = pd.read_excel('C:/Users/Chen/Desktop/Java 软件开发工程师.xlsx')
               wordList = df['requirements'].tolist()
               return wordList
           def get_wordClound(mylist):
               word_list = [" ".join(jieba.cut(sentence))for sentence in mylist]
               new_text = ''.join(word_list)
               pic_path = 'C:/Users/Chen/Desktop/mask.png'
               img_mask = imread(pic_path)
               wordcloud = WordCloud(background_color = "white",
               font_path = '/home/shen/Downloads/front/msyh.ttc',mask = img_mask,
```

```
            stopwords = STOPWORDS, ).generate(new_text)
            plt.imshow(wordcloud)
            plt.axis("off")
            plt.show()
    if __name__ == '__main__':
            wordList = get_wordList()
            get_wordClound(wordList)
```

Out[26]:

6.6 本章小结

本章主要介绍了 Pyplot 绘图的基本语法、常用参数,各类常用图形的绘制以及词云的简单用法。

本章实训

实训 1

有如下样式的绘图请写出相应的代码。

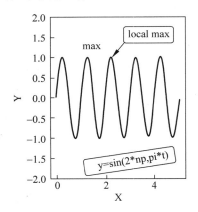

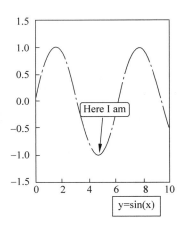

In[1]: import matplotlib.pyplot as plt
        import numpy as np

```
plt.rcParams['font.sans-serif'] = ['SimHei']
plt.rcParams['axes.unicode_minus'] = False
% matplotlib inline
fig = plt.figure()
ax1 = fig.add_subplot(121)
t = np.arange(0.0, 5, 0.01)
s = np.sin(2 * np.pi * t)
ax1.plot(t, s, lw = 2)
bbox = dict(boxstyle = 'round', fc = 'white')
plt.annotate('local max', xy = (2.3, 1), xytext = (3, 1.5),
arrowprops = dict(facecolor = 'black', edgecolor = 'red', headwidth = 7, width = 2), bbox
= bbox)
# arrowstyle 箭头类型
bbox_prop = dict(fc = 'white')
ax1.set_ylabel('Y', fontsize = 12)
ax1.set_xlabel('X', fontsize = 12)
ax1.set_ylim(-2, 2)
ax1.text(1, 1.2, 'max', fontsize = 18)
ax1.text(1.2, -1.8, '$ y = sin(2 * np.pi * t) $ ', bbox = bbox, rotation = 10, alpha = 0.
8)
ax2 = fig.add_subplot(122)
x = np.linspace(0, 10, 200)
y = np.sin(x)
ax2.plot(x, y, linestyle = '-.', color = 'purple')
ax2.annotate(s = 'Here I am', xy = (4.8, np.sin(4.8)), xytext = (3.7, -0.2), weight = '
bold', color = 'k',
                arrowprops = dict(arrowstyle = '-|>', connectionstyle = 'arc3', color = 'red'),
                bbox = dict(boxstyle = 'round, pad = 0.5', fc = 'yellow', ec = 'k', lw = 1 ,
alpha = 0.8))
ax2.set_ylim(-1.5, 1.5)
ax2.set_xlim(0, 10)
bbox = dict(boxstyle = 'round', ec = 'red', fc = 'white')
ax2.text(6, -1.9, '$ y = sin(x) $ ', bbox = dict(boxstyle = 'square', facecolor = 'white
', ec = 'black'))
ax2.grid(ls = ":", color = 'gray', alpha = 0.5)
# 设置带方框的水印
ax2.text(4.5, 1, 'NWNU', fontsize = 15, alpha = 0.3, color = 'gray', bbox = dict(fc = "
white", boxstyle = 'round', edgecolor = 'gray', alpha = 0.3))
plt.show()
```

实训 2

本实训针对一组关于全球星巴克门店的统计数据，分析了在不同国家和地区以及中国不同城市的星巴克门店的数量。

1. 导入模块

```
In[1]:    import pandas as pd
          import numpy as np
```

```
from pandas import Series,DataFrame
import matplotlib.pyplot as plt
plt.rcParams['font.sans-serif'] = ['SimHei']
plt.rcParams['axes.unicode_minus'] = False
% matplotlib inline
```

2. 获取数据

In[2]:
```
starbucks = pd.read_csv("directory.csv")
starbucks.head()
```
Out[2]:

	Brand	Store Number	Store Name	Ownership Type	Street Address	City	State/Province	Country	Postcode	Phone Number	Timezone	Longitude	Latitude
0	Starbucks	47370-257954	Meritxell, 96	Licensed	Av. Meritxell, 96	Andorra la Vella	7	AD	AD500	376818720	GMT+1:00 Europe/Andorra	1.53	42.51
1	Starbucks	22331-212325	Ajman Drive Thru	Licensed	1 Street 69, Al Jarf	Ajman	AJ	AE	NaN	NaN	GMT+04:00 Asia/Dubai	55.47	25.42
2	Starbucks	47089-256771	Dana Mall	Licensed	Sheikh Khalifa Bin Zayed St.	Ajman	AJ	AE	NaN	NaN	GMT+04:00 Asia/Dubai	55.47	25.39
3	Starbucks	22126-218024	Twofour 54	Licensed	Al Salam Street	Abu Dhabi	AZ	AE	NaN	NaN	GMT+04:00 Asia/Dubai	54.38	24.48
4	Starbucks	17127-178596	Al Ain Tower	Licensed	Khaldiya Area, Abu Dhabi Island	Abu Dhabi	AZ	AE	NaN	NaN	GMT+04:00 Asia/Dubai	54.54	24.51

3. 数据分析及可视化

（1）查看星巴克旗下有哪些品牌。如果我们只关心星巴克咖啡门店，则只需获取星巴克中 Brand 的数据集，并查看全世界一共有多少家星巴克门店。

In[3]:
```
print("星巴克旗下品牌有:\n",starbucks.Brand.value_counts())
coffee = starbucks[starbucks.Brand == 'Starbucks']
print("\n",coffee.shape)
```
Out[3]:
```
星巴克旗下品牌有:
Starbucks               25249
Teavana                   348
Evolution Fresh             2
Coffee House Holdings       1
Name: Brand, dtype: int64
------------------------
(25249, 13)
```

（2）查看全世界一共有多少个国家和地区开设了星巴克门店，显示门店数量排名前10 和后 10 的国家和地区。

In[4]:
```
df = starbucks.groupby(["Country"]).size()
print("全世界一共有多少个国家和地区开设了星巴克门店:",df.size)
df1 = df.sort_values( ascending = False)
print("排名前10 的国家和地区:\n",df1.head(10))
```
Out[4]:
```
全世界一共有多少个国家和地区开设了星巴克门店:73
排名前10 的国家和地区:
 Country
```

```
    US          13608
    CN           2734
    CA           1468
    JP           1237
    KR            993
    GB            901
    MX            579
    TW            394
    TR            326
    PH            298
    dtype: int64
```

星巴克门店数排名后10的国家：

In[5]:   print("排名后10的国家:\n",df1.tail(10))
Out[5]:   排名后10的国家:
```
     Country
     BO       4
     KH       4
     AW       3
     ZA       3
     CW       3
     SK       3
     TT       3
     LU       2
     MC       2
     AD       1
     dtype: int64
```

（3）用柱状图绘制排名前10的分布情况。

In[6]:   plt.rcParams['font.size'] = 15
          plt.rcParams['font.family'] = 'SimHei'
          df1.head(10).plot(kind = 'bar',rot = 0)
          plt.title('星巴克门店数排名前10的国家和地区')
          plt.ylabel('Store Counts')
          plt.xlabel('Countries and Regions')
Out[6]:   Text(0.5, 0, 'Countries')

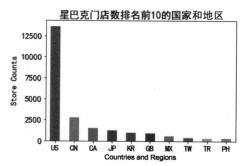

（4）显示拥有星巴克门店数量排名前 10 的城市。

```
In[7]:    count_starbucks_city = coffee.City.value_counts()
          print("星巴克门店数量排名前 10 的城市:\n",
          count_starbucks_city.head(10))
          star = starbucks.dropna(how = 'any',subset = ['City'])
          count_starbucks_city = star.City.value_counts()
          print("全世界星巴克门店数量排名前 10 的城市:\n",
          count_starbucks_city.head(10))
Out[7]:   全世界星巴克门店数量排名前 10 的城市:
          上海市              542
          Seoul            243
          北京市              234
          New York         232
          London           216
          Toronto          192
          Mexico City      180
          Chicago          180
          Seattle          156
          Las Vegas        156
          Name: City, dtype: int64
```

（5）绘制星巴克门店数前 10 的城市分布柱状图。

```
In[8]:    plt.figure(1,figsize = (8,6))
          count_starbucks_city = star.City.value_counts()
          city_top10 = count_starbucks_city.head(10)
          city_top10.plot(kind = 'bar',rot = 30)
          plt.title('拥有星巴克门店最多的 10 个城市')
          plt.ylabel('Store Counts')
          plt.xlabel('City')
Out[8]:   Text(0.5, 0, 'Cities')
```

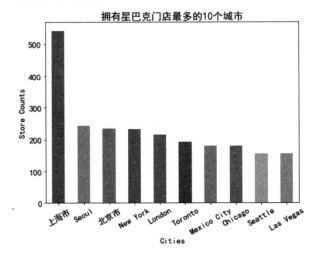

（6）按照星巴克门店在中国的分布情况，统计排名前 10 的城市。

```
In[9]:    import pinyin
          #选择中国的数据
          df = star[star["Country"] == "CN"]
          df1 = df.copy()
          #将城市名改为小写
          df1["City"] = df1["City"].apply(lambda x:x.lower())
          #将汉字城市名改为小写拼音,去掉"市"的拼音
          df1["City"] = df1["City"].apply(
                lambda x:pinyin.get(x, format = "strip", delimiter = "")[0:-3])
          #统计每个城市的星巴克门店数量
          df1 = df1.groupby(["City"]).size().sort_values( ascending = False)
          df1.head(10)
Out[9]:   City
          shanghai       542
          beijing        234
          hangzhou       117
          shenzhen       113
          guangzhou      106
          xianggang      104
          chengdu         98
          suzhou          90
          nanjing         73
          wuhan           67
          dtype: int64
```

（7）绘制柱状图。

```
In[10]:   df1.head(10).plot(kind = 'bar',rot = 30)
          plt.title('中国拥有星巴克门店最多的 10 个城市')
          plt.ylabel('Store Counts')
          plt.xlabel('Cities')
Out[10]:  Text(0.5, 0, 'Cities')
```

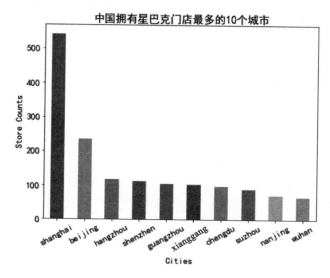

（8）用饼状图显示星巴克门店的经营方式有哪几种。

In[11]:   plt.figure(1,figsize = (8,6))

ownership = star['Ownership Type'].value_counts()

plt.title('星巴克门店所有权类型')

ownership.plot(kind = 'pie')

Out[11]:   〈matplotlib.axes._subplots.AxesSubplot at 0x126f6a58〉

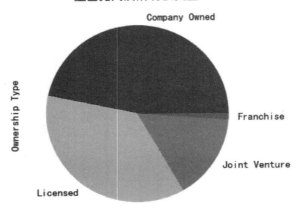

第 7 章

Seaborn可视化

Matplotlib 绘图基本模仿 MATLAB 绘图库,其绘图风格和 MATLAB 类似。由于 MATLAB 绘图风格偏古典,因此,Python 开源社区开发了 Seaborn 绘图模块,对 Matplotlib 进行封装,绘图效果更符合现代人的审美。

7.1 Seaborn 简介

Seaborn 属于 Matplotlib 的一个高级接口,使得绘图更加容易。在多数情况下使用 Seaborn 可以绘制出很具吸引力的图,而使用 Matplotlib 可以绘制出具有更多特色的图。应该把 Seaborn 视为 Matplotlib 的补充,而不是替代物。

使用 Seaborn 时,其导入惯例为:

```
import seaborn as sns
```

7.2 风格设置

风格设置用以设置绘图的背景色、风格、字型、字体等。

视频讲解

7.2.1 Seaborn 绘图设置

Seaborn 通过 set 函数实现风格设置。

set 函数的格式:

seaborn.set(context = 'notebook', style = 'darkgrid', palette = 'deep', font = 'sans − serif', font_scale = 1, color_codes = True, rc = None)

【例 7-1】 绘制曲线。

```
In[1]:    import seaborn as sns
          import numpy as np
          import matplotlib.pyplot as plt
          def sinplot(flip = 2):
              x = np.linspace(0,20, 50)
              for i in range(1,5):
                  plt.plot(x, np.cos(x + i * 0.8) * (9 − 2 * i) * flip)
          sinplot()
```

Out[1]:

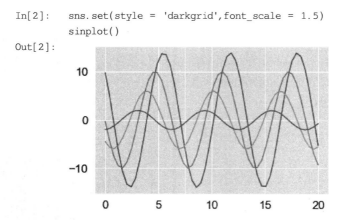

运行结果为 Matplotlib 默认参数下的绘制风格。也可以使用 seaborn.set 进行风格设置。

【例 7-2】 Seaborn 设置风格。

```
In[2]:    sns.set(style = 'darkgrid',font_scale = 1.5)
          sinplot()
```

Out[2]:

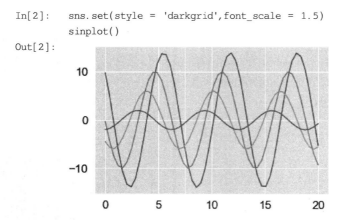

如果需要转换为 Seaborn 默认的绘图设置，只需调用 sns.set( )方法即可。

【例 7-3】 Seaborn 默认风格。

```
In[3]:    sns.set()
          sinplot()
```

Out[3]:

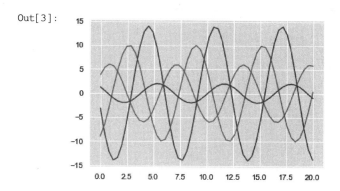

7.2.2　Seaborn 主题设置

Seaborn 将 Matplotlib 的参数划分为两个独立的组合：第一组用于设置绘图的外观风格；第二组主要将绘图的各种元素按比例缩放，以至可以嵌入不同的背景环境中。控制这些参数的接口主要有两对方法。

❁ 控制风格：axes_style(),set_style();

❁ 缩放绘图：plotting_context(),set_context()。

每对方法中的第一个方法(axes_style(),plotting_context())会返回一组字典参数，而第二个方法(set_style(),set_context())会设置 Matplotlib 的默认参数。

使用 set_style( )设置主题,Seaborn 有 5 个预设的主题：darkgrid、whitegrid、dark、white 和 ticks,默认为 darkgrid。

【例 7-4】　主题设置。

```
In[4]:    sns.set_style("whitegrid")
          sinplot()
```

Out[4]:

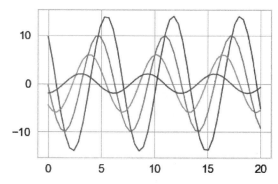

在 Seaborn 中,可以使用 despine()方法移除绘图中顶部和右侧的轴线。

【例 7-5】　Seaborn 轴线设置。

```
In[5]:    sinplot()
          sns.despine()
```

Out[5]: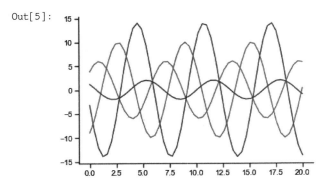

despine()方法中通过设置 offset 参数偏移坐标轴,另外,当刻度没有完全覆盖整个坐标轴的范围时,使用 trim 参数修剪刻度。

【例 7-6】 使用 trim 参数修剪刻度。

```
In[6]:     sinplot()
           sns.despine(offset = 20, trim = True)
```

Out[6]: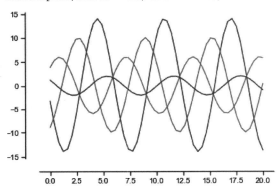

也可以通过 despine()移除绘图上方和右方坐标轴上不需要的边框。

【例 7-7】 移除轴线。

```
In[7]:     sinplot()
           sns.despine(left = True)
```

Out[7]: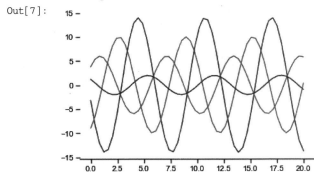

【例7-8】 移除轴线。

```
In[8]:    sinplot()
          sns.set(style = 'whitegrid',palette = 'muted',color_codes = True)
          sns.despine(left = True,bottom = True)
```

Out[8]:

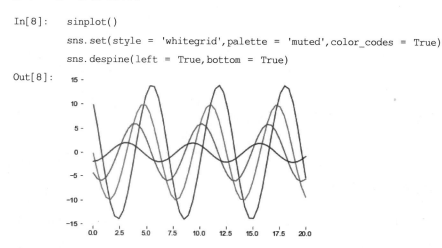

除了选用预设的风格外,还可以使用 with 语句使用 axes_style()方法设置临时绘图
参数,可以在一张图片中采用多种绘图风格。

【例7-9】 设置临时绘图参数。

```
In[9]:    with sns.axes_style("darkgrid"):
              plt.subplot(2,1,1)
              sinplot( )
          plt.subplot(2,1, 2)
          sinplot( - 1)
```

Out[9]:

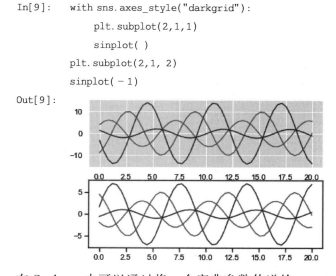

在 Seaborn 中可以通过将一个字典参数传递给 axes_style()和 set_style()的参数 rc
进行参数设置。

【例7-10】 使用字典传递参数。

```
In[10]:    sns.set_style("darkgrid", {"axes.facecolor": ".9"})
           sinplot()
```

Out[10]:

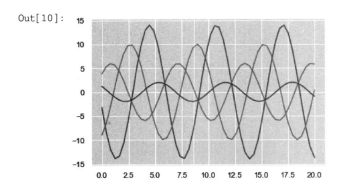

7.2.3 设置绘图元素比例

Seaborn 中通过 set_context()设置缩放参数,预设的参数有 paper、notebook、talk 和 poster,默认为 notebook。

【例 7-11】 设置绘图元素比例 paper。

```
In[11]:   sns.set_context("paper")
          sinplot()
```

Out[11]:

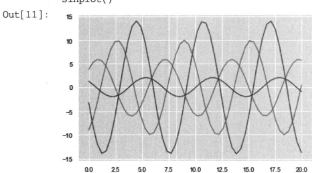

【例 7-12】 设置绘图元素比例 poster。

```
In[12]:   sns.set_context("poster")
          sinplot()
```

Out[12]:

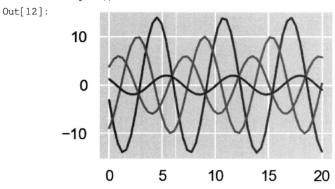

【例 7-13】 设置绘图元素比例 notebook。

In[13]:   sns.set_context("notebook", font_scale = 1.8, rc = {"lines.linewidth": 1.5})
               sinplot()

Out[13]

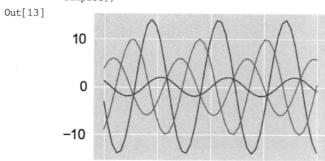

7.3 Seaborn 中的常用绘图

视频讲解

7.3.1 直方图和密度曲线图

Seaborn 中使用 distplot()和 kdeplot()绘制直方图和密度曲线图，distplot()为 hist 加强版，默认情况下绘制一个直方图，并嵌套一个对应的密度图。

【例 7-14】 绘制 iris 数据集中 Petal. Width 的分布图。

In[14]:   import matplotlib.pyplot as plt
               df_iris = pd.read_csv('D:\dataset\iris.csv')
               sns.set(color_codes = True)
               sns.distplot(df_iris['Petal.Width'])

Out[14]

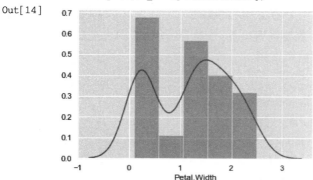

使用 distplot 方法绘制的直方图与 Matplotlib 是类似的。在 distplot 的参数中，可以选择不绘制密度图。其中的 rug 参数绘制毛毯图，可以为每个观测值绘制小细线（边际毛毯），也可以单独用 rugplot 进行绘制。

【例7-15】 使用distplot方法绘制直方图。

In[15]:　sns.distplot(df_iris['Petal.Width'],bins = 30,kde = False,rug = True)

Out[15]:

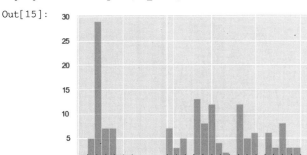

如果设置hist为False,则可以直接绘制密度图而没有直方图。

【例7-16】 直接绘制密度图。

In[16]:　sns.distplot(df_iris['Petal.Width'],hist = False,rug = True)

Out[16]:

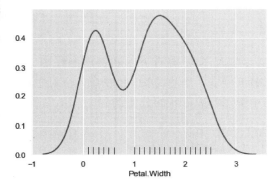

使用distplot函数可以同时绘制直方图、密度图和毛毯图,同时,这些分布图都有对应的专门函数。其中,kdeplot函数绘制密度图,rugplot函数绘制毛毯图。

【例7-17】 使用kdeplot绘制密度图。

In[17]:　import matplotlib.pyplot as plt

　　　　　df_iris = pd.read_csv('D:\dataset\iris.csv')

　　　　　fig,axes = plt.subplots(1,2)

　　　　　sns.distplot(df_iris['Petal.Length'],ax = axes[0],kde = True,rug = True)

　　　　　# kde密度曲线,rug边际毛毯

　　　　　sns.kdeplot(df_iris['Petal.Length'],ax = axes[1],shade = True)

　　　　　# shade阴影

　　　　　plt.show()

Out[17]:

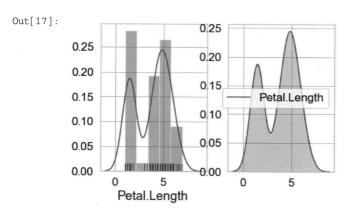

【例7-18】 distplot 绘图。

In[18]:
```
import matplotlib.pyplot as plt
import seaborn as sns
import numpy as np
sns.set(palette = "muted",color_codes = True)
rs = np.random.RandomState(10)
d = rs.normal(size = 100)
f,axes = plt.subplots(2, 2, figsize = (7, 7), sharex = True)
sns.distplot(d, kde = False, color = "b", ax = axes[0,0])
sns.distplot(d, hist = False, rug = True, color = "r", ax = axes[0,1])
sns.distplot(d, hist = False,color = "g", kde_kws = {"shade":True},
ax = axes[1,0])
sns.distplot(d, color = "m", ax = axes[1,1])
plt.show()
```

Out[18]:

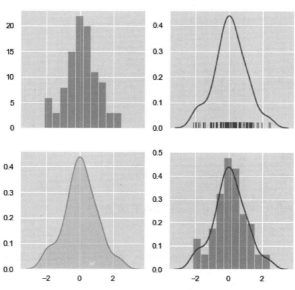

7.3.2 散点图

在 Seaborn 中,使用 scatterplot 绘制散点图,使用 stripplot 绘制各变量在每个类别的值。

【例 7-19】 在 iris 数据集中,显示 Petal.Width 在 Species 上值的分布。

```
In[19]:    sns.set(style = 'white',color_codes = True)          #设置样式
           sns.stripplot(x = df_iris['Species'],y = df_iris['Petal.Width'],data = df_
           iris)
           sns.despine()                                          #去坐标轴
```

Out[19]:

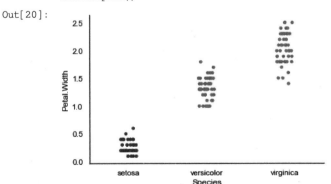

由于散点图中数据众多,很多点会被覆盖,这时可以加入抖动(jitter=True)。

【例 7-20】 绘制加参数 jitter 的散点图。

```
In[20]:    sns.stripplot(x = df_iris['Species'],y = df_iris['Petal.Width'],data = df_iris,
           jitter = True)
           sns.despine()                                          #去坐标轴
```

Out[20]:

如果需要看清每个数据点,可以使用 swarmplot 函数。

【例 7-21】 使用 swarmplot 函数绘图。

```
In[21]:    sns.swarmplot(x = df_iris['Species'],y = df_iris['Petal.Width'],data = df_iris)
           sns.despine()                                          #去坐标轴
```

Out[21]:

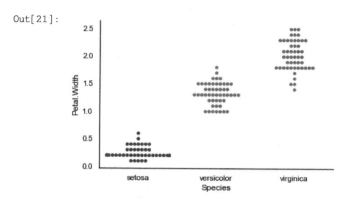

7.3.3 箱线图

有时散点图表达的值的分布信息有限,因此需要一些其他的绘图。箱线图可以观察四分位数、中位数和极值。Seaborn 中使用 boxplot( )绘制箱线图。

【例 7-22】 使用 boxplot 绘制箱线图。

```
In[22]:   df_iris = pd.read_csv('D:\dataset\iris.csv')
          sns.boxplot(x = df_iris['Species'],y = df_iris['Petal.Width'])
          plt.show()
```

Out[22]:

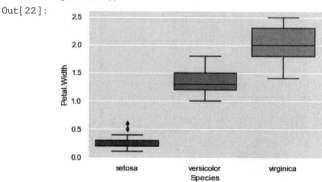

7.3.4 散点图矩阵

在 Seaborn 中使用 pairplot 方法实现数据特征的两两对比。默认是所有特征,可以通过 vars 参数指定部分特征。

【例 7-23】 使用 pairplot 绘图。

```
In[23]:   df_iris = sns.load_dataset('iris')
          sns.set(style = "ticks")
          g = sns.pairplot(df_iris,vars = ['Sepal.Length', 'Petal.Length'])
```

Out[23]:

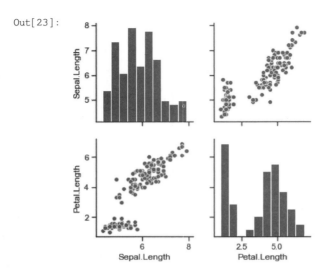

7.3.5 小提琴图

小提琴图其实是箱线图与核密度图的结合,箱线图展示了分位数的位置,小提琴图则展示了任意位置的密度。通过小提琴图可以知道哪些位置的密度较高。在小提琴图中,白点是中位数,黑色盒型的范围是下四分位点到上四分位点,细黑线表示须。外部形状即为核密度估计(在概率论中用来估计未知的密度函数,属于非参数检验方法之一)。

【例 7-24】 小提琴图绘制。

```
In[24]:    sns.set_style("whitegrid")
           df_iris = pd.read_csv('D:\dataset\iris.csv')
           ax = sns.violinplot(x = df_iris['Petal.Length'])
```

Out[24]:

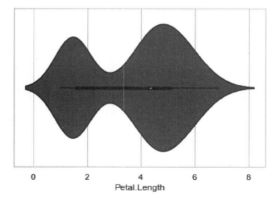

7.3.6 柱状图

在 Seaborn 中使用 barplot 函数绘制柱状图,默认情况下,绘制的 Y 轴是平均值。

【例 7-25】　使用 barplot 函数绘制柱状图。

```
In[25]:    df_iris = pd.read_csv('D:\dataset\iris.csv')
           sns.barplot(x = df_iris['Species'],y = df_iris['Petal.Length'],data = df_iris)
Out[25]:
```

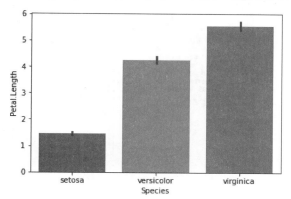

在柱状图中,经常会绘制类别的计数柱状图,在 Matplotlib 中需要对 DataFrame 进行计算,而在 Seaborn 中使用 countplot 函数即可。

【例 7-26】　使用 countplot 函数绘制计数柱状图。

```
In[26]:    sns.countplot(x = 'Species',data = df_iris)
Out[26]:
```

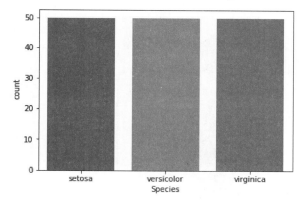

7.3.7　多变量图

在 Matplotlib 中,为了绘制两个变量的分布关系,常使用散点图的方法。在 Seaborn 中,使用 jointplot 函数绘制一个多面板图,不仅可以显示两个变量的关系,还可以显示每个单变量的分布情况。

【例 7-27】　使用 jointplot 函数绘制多面板图。

```
In[27]:    sns.jointplot(x = 'Petal.Length',y = 'Petal.Width',data = df_iris)
```

Out[27]:

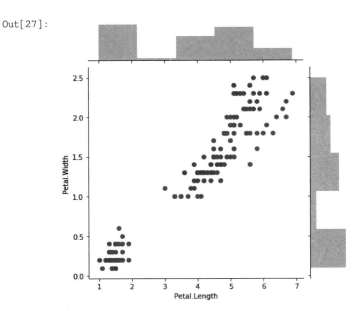

在 jointplot 函数中,可改变 kind 参数为 kde,但变量的分布就使用密度图来代替,而散点图则会被等高线图代替。

【例 7-28】 使用 jointplot 方法绘制等高线图。

In[28]:   sns.jointplot(x = 'Petal.Length', y = 'Petal.Width', data = df_iris, kind = 'kde')
Out[28]:

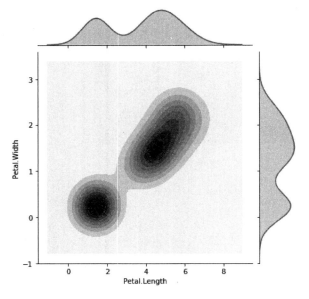

7.3.8   回归图

绘制回归图可以揭示两个变量之间的线性关系。在 Seaborn 中,使用 regplot 函数绘制回归图。

【例 7-29】 使用 regplot 函数绘制回归图。

In[29]: `sns.regplot(x = 'Petal.Length',y = 'Petal.Width',data = df_iris)`
Out[29]:

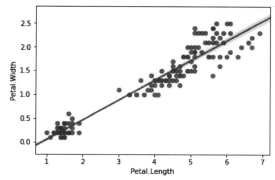

7.4 本章小结

本章介绍了 Seaborn 可视化中的风格与主题设置,以及常见绘图的基本用法。

本章实训

本实训使用 Seaborn 库中自带的泰坦尼克号幸存者数据"titanic"进行数据分析与可视化。

1. 导入模块

In[1]:
```
import numpy as np
import pandas as pd
import seaborn as sns
plt.rcParams['font.sans - serif'] = ['SimHei']      # 用来正常显示中文标签
plt.rcParams['axes.unicode_minus'] = False          # 用来正常显示负号
% matplotlib inline
```

2. 获取数据

In[2]:
```
titanic = sns.load_dataset('titanic')
titanic.head()
```
Out[2]:

	survived	pclass	sex	age	sibsp	parch	fare	embarked	class	who	adult_male	deck	embark_town	alive	alone
0	0	3	male	22.0	1	0	7.2500	S	Third	man	True	NaN	Southampton	no	False
1	1	1	female	38.0	1	0	71.2833	C	First	woman	False	C	Cherbourg	yes	False
2	1	3	female	26.0	0	0	7.9250	S	Third	woman	False	NaN	Southampton	yes	True
3	1	1	female	35.0	1	0	53.1000	S	First	woman	False	C	Southampton	yes	False
4	0	3	male	35.0	0	0	8.0500	S	Third	man	True	NaN	Southampton	no	True

3. 数据可视化

（1）查看有无缺失值。

```
In[3]:    titanic.isnull().sum()
Out[3]:   survived         0
          pclass           0
          sex              0
          age            177
          sibsp            0
          parch            0
          fare             0
          embarked         2
          class            0
          who              0
          adult_male       0
          deck           688
          embark_town      2
          alive            0
          alone            0
          dtype: int64
```

（2）用年龄的均值进行缺失值的填充。

```
In[4]:    mean = titanic['age'].mean()
          print(mean)
          #用均值进行缺失值的填充
          titanic['age'] = titanic['age'].fillna(mean)
          titanic.isnull().sum()
Out[4]:   29.69911764705882
          survived         0
          pclass           0
          sex              0
          age              0
          sibsp            0
          parch            0
          fare             0
          embarked         0
          class            0
          who              0
          adult_male       0
          embark_town      2
          alive            0
          alone            0
          age_level        0
```

```
dtype: int64
```

（3）进行年龄分布的可视化。

```
In[5]:    sns.distplot(titanic["age"])
```
Out[5]:　〈matplotlib.axes._subplots.AxesSubplot at 0xc406ba8〉

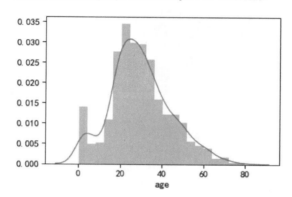

（4）显示登船地点（S，C，Q）的人数。

```
In[6]:    titanic['embarked'].value_counts()
```
```
Out[6]:   S    554
          C    130
          Q     28
Name: embarked, dtype: int64
```

（5）对登船地点进行缺失值的填充（填充为 S）。

```
In[7]:    titanic['embarked'] = titanic['embarked'].fillna("S")
          titanic['embarked'].isnull().sum()
```
Out[7]:　0

（6）对于 deck 字段，由于缺失值太多，将其删除。

```
In[8]:    del titanic['deck']
          titanic.head()
```
Out[8]:

	survived	pclass	sex	age	sibsp	parch	fare	embarked	class	who	adult_male	embark_town	alive	alone
0	0	3	male	22.0	1	0	7.2500	S	Third	man	True	Southampton	no	False
1	1	1	female	38.0	1	0	71.2833	C	First	woman	False	Cherbourg	yes	False
2	1	3	female	26.0	0	0	7.9250	S	Third	woman	False	Southampton	yes	True
3	1	1	female	35.0	1	0	53.1000	S	First	woman	False	Southampton	yes	False
4	0	3	male	35.0	0	0	8.0500	S	Third	man	True	Southampton	no	True

4. 数据探索

（1）可视化乘客的性别分布。

```
In[9]:    sns.countplot(x = "sex",data = titanic)
```

Out[9]:　　〈matplotlib.axes._subplots.AxesSubplot at 0xc6b5be0〉

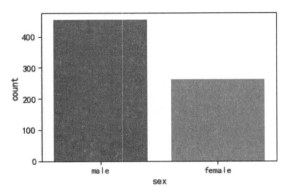

（2）基于性别，绘制乘客年龄分布箱线图。

In[10]:　　sns.boxplot(x = "sex", y = "age",data = titanic)
Out[10]:
　　　　　〈matplotlib.axes._subplots.AxesSubplot at 0xc709f98〉

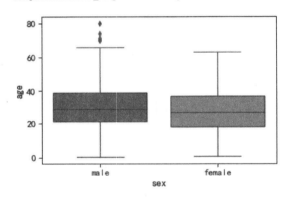

（3）对船舱等级进行计数。

In[11]:　　sns.countplot(x = 'age level',data = titanic)
Out[11]:
　　　　　〈matplotlib.axes._subplots.AxesSubplot at 0xc99aa58〉

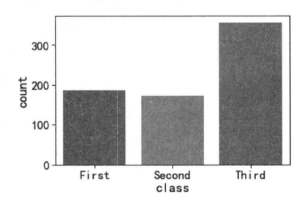

（4）结合船舱等级，绘制乘客年龄分布的小提琴图。

```
In[12]:    sns.violinplot(y = 'age',x = 'class', data = titanic)
Out[12]:
           <matplotlib.axes._subplots.AxesSubplot at 0xc9f4e80>
```

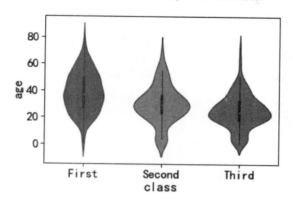

（5）对年龄进行分级，分开小孩和老人的数据。

```
In[13]:    def agelevel(age):
               if age < = 16:
                   return 'child'
               elif age > = 60:
                   return 'old'
               else:
                   return 'middle'
           titanic['age_level'] = titanic['age'].map(agelevel)
           titanic.head()
Out[13]:
```

	survived	pclass	sex	age	sibsp	parch	fare	embarked	class	who	adult_male	embark_town	alive	alone	age_level
0	0	3	male	22.0	1	0	7.2500	S	Third	man	True	Southampton	no	False	middle
1	1	1	female	38.0	1	0	71.2833	C	First	woman	False	Cherbourg	yes	False	middle
2	1	3	female	26.0	0	0	7.9250	S	Third	woman	False	Southampton	yes	True	middle
3	1	1	female	35.0	1	0	53.1000	S	First	woman	False	Southampton	yes	False	middle
4	0	3	male	35.0	0	0	8.0500	S	Third	man	True	Southampton	no	True	middle

（6）对分级后的年龄可视化。

```
In[14]:    sns.countplot(x = 'age_level', data = titanic)
Out[14]:
           <matplotlib.axes._subplots.AxesSubplot at 0xdd11f28>
```

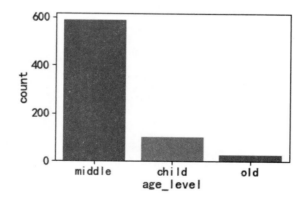

（7）分析乘客年龄与生还乘客之间的关系。

```
In[15]:    sns.countplot(x = 'alive',hue = 'age_level',data = titanic)
           plt.legend(loc = "best",fontsize = '15')
Out[15]:   <matplotlib.legend.Legend at 0xcc73e48>
```

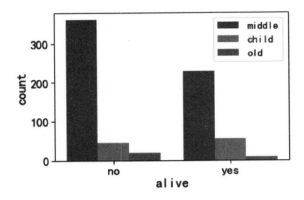

第 **8** 章

pyecharts可视化

pyecharts 是基于 Echarts 图表的一个类库,而 Echarts 是百度开源的一个可视化 JavaScript 库。

8.1　pyecharts 简介

pyecharts 主要基于 Web 浏览器进行显示,绘制的图形比较多,包括折线图、柱状图、饼图、漏斗图、地图及极坐标图等。使用 pyecharts 绘图代码量很少,而且绘制出来的图形较美观。

使用 pyecharts 时,需要安装相应的库,安装命令为:

```
pip install pyecharts
```

8.2　pyecharts 的使用方法

基本上所有的图表类型都是这样绘制的:

```
chart_name = Type()              # 初始化具体类型图表
chart_name .add()                # 添加数据及配置项
chart_name .render()             # 生成本地文件(html/svg/jpeg/png/pdf/gif)
chart_name .render_notebook      # 在 jupyter notebook 中显示
```

8.3　pyecharts 常用图表

视频讲解

8.3.1　柱状图

使用 Bar 函数可以绘制柱状图。Bar 函数的常用方法及说明见表 8-1。

表 8-1　Bar 函数的常用方法及其说明

方　　法	使　用　说　明
add_xaxis	加入 X 轴参数
add_yaxis	加入 Y 轴参数，可以设置 Y 轴参数，也可在全局设置中设置
set_global_opts	全局配置设置
set_series_opts	系列配置设置

【例 8-1】　使用 Bar 函数绘制柱状图。

```
In[1]:    from pyecharts.charts import Bar
          from pyecharts import options as opts
          % matplotlib inline
          # V1 版本开始支持链式调用
          bar = ( Bar()
               .add_xaxis(["衬衫", "毛衣", "领带", "裤子", "风衣",
          "高跟鞋", "袜子"])
               .add_yaxis("商家 A", [114, 55, 27, 101, 125, 27, 105])
               .set_global_opts(title_opts = opts.TitleOpts(title = "某商场销售
          情况")))
          bar.render_notebook()
          #bar.render() 生成 html
```

Out[1]:

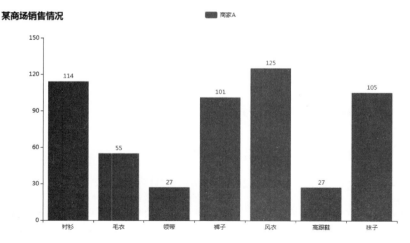

pyecharts 从 V1 版本开始支持链式调用，不习惯链式调用的开发者依旧可以单独调用方法，代码可以写为：

```
bar = Bar()
bar.add_xaxis(["衬衫", "毛衣", "领带", "裤子", "风衣", "高跟鞋", "袜子"])
bar.add_yaxis("商家 A", [114, 55, 27, 101, 125, 27, 105])
bar.set_global_opts(title_opts = opts.TitleOpts(title = "某商场销售情况"))
bar.render_notebook()
```

使用多个 add_yaxis 可以绘制并列柱状图。

【例 8-2】　绘制并列柱状图。

```
In[2]:   from pyecharts.charts import Bar
         from pyecharts import options as opts
         % matplotlib inline
         bar = Bar()
         bar.add_xaxis(["衬衫", "毛衣", "领带", "裤子", "风衣", "高跟鞋", "袜子"])
         bar.add_yaxis("商家 A", [114, 55, 27, 101, 125, 27, 105])
         bar.add_yaxis("商家 B", [57, 134, 137, 129, 145, 60, 49])
         bar.set_global_opts(title_opts = opts.TitleOpts(title = "货品销售情况",
         subtitle = "A 和 B公司"))
         bar.render_notebook()
```

Out[2]:

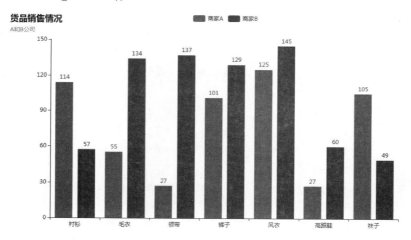

使用 bar.reversal_axis() 可以绘制水平的直方图。

【例 8-3】　绘制水平直方图。

```
In[3]:   from pyecharts.charts import Bar
         from pyecharts import options as opts
         % matplotlib inline
         bar = Bar()
         bar.add_xaxis(["衬衫", "毛衣", "领带", "裤子", "风衣", "高跟鞋", "袜子"])
         bar.add_yaxis("商家 A", [114, 55, 27, 101, 125, 27, 105])
         bar.add_yaxis("商家 B", [57, 134, 137, 129, 145, 60, 49])
         bar.set_global_opts(title_opts = opts.TitleOpts(title = "货品销售情况", subtitle
         = "A 和 B 公司"), toolbox_opts = opts.ToolboxOpts(is_show = True))
         bar.set_series_opts(label_opts = opts.LabelOpts(position = "right"))
         bar.reversal_axis()
         bar.render_notebook()
```

Out[3]: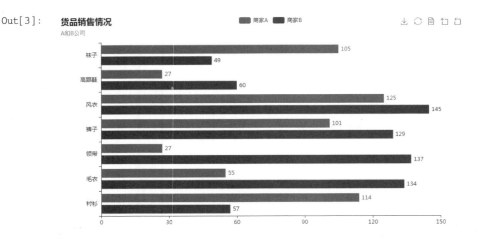

8.3.2 饼图

饼图常用于表现不同类别的占比情况。使用 Pie 方法可以绘制饼图。

【例 8-4】 绘制饼图。

```
In[4]:    from pyecharts import options as opts
          from pyecharts.charts import, Pie
          L1 = ['教授','副教授','讲师','助教','其他']
          num = [20,30,10,12,8]
          c = Pie()
          c.add("", [list(z) for z in zip(L1,num)])
          c.set_global_opts(title_opts = opts.TitleOpts(title = "Pie - 职称类别比例"))
          c.set_series_opts(label_opts = opts.LabelOpts(formatter = "{b}: {c}"))
          c.render_notebook()
```

Out[4]: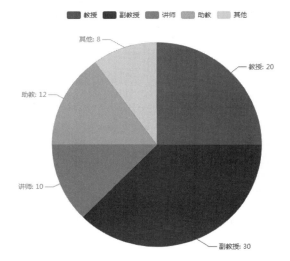

在 pie.add 的方法中,参数 radius 用于设置饼图半径,默认为[0,75],第一项为内半径,第二项为外半径;参数 center 用于设置饼图中心坐标,默认为[50,50];参数

rosetype用于设置南丁格尔图（玫瑰图），有两种表现形式，分别是radius和area。

通过设置radius中的内半径值就可以绘制圆形饼图。

【例8-5】　绘制圆形饼图。

```
In[5]:   from pyecharts import options as opts
         from pyecharts.charts import Pie
         wd = ['教授','副教授','讲师','助教','其他']
         num = [20,30,10,12,8]
         c = Pie()
         c.add("",[list(z) for z in zip(wd, num)],radius = ["40%", "75%"])
         # 圆环的粗细和大小
         c.set_global_opts( title_opts = opts.TitleOpts(title = "Pie-Radius"),legend_
         opts = opts.LegendOpts( orient = "vertical", pos_top = "5%", pos_left = "2%" ))
         c.set_series_opts(label_opts = opts.LabelOpts(formatter = "{b}: {c}"))
         c.render_notebook()
```

Out[5]:

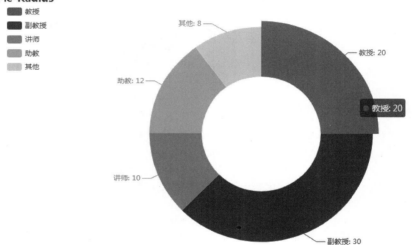

可以通过rich参数设置更多的饼图属性。

【例8-6】　圆形饼图中的rich参数应用。

```
In[6]:   from pyecharts import options as opts
         from pyecharts.charts import Pie
         wd = ['教授','副教授','讲师','助教','其他']
         num = [20,30,10,12,8]
         c = Pie()
         c.add("",[list(z) for z in zip(wd, num)],radius = ["40%", "55%"],
                 label_opts = opts.LabelOpts(position = "outside",
                 formatter = "{a|{a}}{abg|}\n{hr|}\n{b|{b}:}{c} {per|{d}%} ",
                 background_color = "#eee",border_color = "#aaa",
                 border_width = 1,border_radius = 4,
                 rich = {"a": {"color": "#999", "lineHeight": 22, "align":
                     "center"},"abg": {"backgroundColor": "#e3e3e3","width": "100%",
                     "align": "right", "height": 22,"borderRadius": [4, 4, 0, 0],},
```

```
                    "hr": {"borderColor": "♯aaa", "width": "100％",
                    "borderWidth": 0.5, "height": 0,}, "b": {"fontSize": 16,
                    "lineHeight": 33},"per": {"color": "♯eee",
                    "backgroundColor": "♯334455", "padding": [2, 4],"borderRadius":
                    2,} } ))
            c.set_global_opts(title_opts = opts.TitleOpts(title = "Pie - 富文本示例"))
            c.render_notebook()
```

Out[6]:

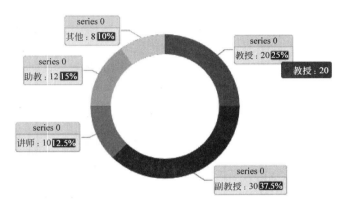

【例 8-7】 绘制玫瑰图。

```
In[7]:    from pyecharts import options as opts
          from pyecharts.charts import Pie
          num = [20,30,10,12,8]
          wd = ['教授','副教授','讲师','助教','其他']
          c = Pie()
          c.add("",[list(z) for z in zip(wd, num)],radius = ["40％", "55％"],center = [240,
          220],rosetype = 'radius')
          c.add("",[list(z) for z in zip(wd, num)],radius = ["40％", "55％"],center = [620,
          220],rosetype = 'area')
          c.set_global_opts(title_opts = opts.TitleOpts(title = "玫瑰图"))
          c.render_notebook()
```

Out[7]:

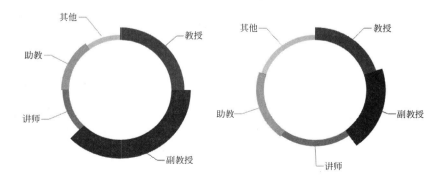

8.3.3 漏斗图

pyecharts 中通过 Funnel 绘制漏斗图。

【例 8-8】 绘制漏斗图。

```
In[8]:    from pyecharts.charts import Funnel
          % matplotlib inline
          data = [45,86,39,52,68]
          labels = ['计算机','手机','电视机','冰箱','洗衣机']
          wf = Funnel()
          wf.add('电器销量图',[list(z) for z in zip(labels, data)], is_selected = True)
          wf.render_notebook()
Out[8]:
```

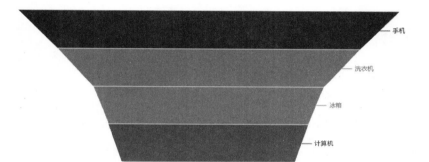

8.3.4 散点图

pyecharts 使用 Scatter 绘制散点图。

【例 8-9】 绘制散点图。

```
In[9]:    from pyecharts import options as opts
          from pyecharts.charts import Scatter
          week = ["周一","周二","周三","周四","周五","周六","周日"]
          c = Scatter()
          c.add_xaxis(week)
          #c.add_xaxis(Faker.choose())
          #c.add_yaxis("商家A", Faker.values())
          c.add_yaxis("商家A", [81,65,48,32,68,92,87])
          c.set_global_opts(title_opts = opts.TitleOpts(title = "Scatter - 一周的销售额(万
          元)"))
          c.render_notebook()
```

Out[9]:

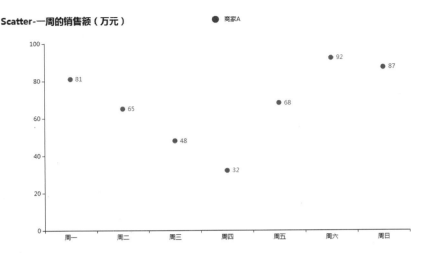

8.3.5 K 线图

pyecharts 使用 Kline 绘制 K 线图。

【例 8-10】 绘制 K 线图。

In[10]:
```python
from pyecharts import options as opts
from pyecharts.charts import Kline
data = [[2320.26, 2320.26, 2287.3, 2362.94],[2300, 2291.3, 2288.26, 2308.
38],[2295.35, 2346.5, 2295.35, 2345.92], [2347.22, 2358.98, 2337.35, 2363.8],
[2360.75, 2382.48, 2347.89, 2383.76],[2383.43, 2385.42, 2371.23, 2391.82],
[2377.41, 2419.02, 2369.57, 2421.15],[2425.92, 2428.15, 2417.58, 2440.38],
[2411, 2433.13, 2403.3, 2437.42],[2432.68, 2334.48, 2427.7, 2441.73], [2430.
69, 2418.53, 2394.22, 2433.89],[2416.62, 2432.4, 2414.4, 2443.03], [2441.91,
2421.56, 2418.43, 2444.8],[2420.26, 2382.91, 2373.53, 2427.07], [2383.49,
2397.18, 2370.61, 2397.94],[2378.82, 2325.95, 2309.17, 2378.82],
[2322.94, 2314.16, 2308.76, 2330.88], [2320.62, 2325.82, 2315.01, 2338.78],
[2313.74, 2293.34, 2289.89, 2340.71], [2297.77, 2313.22, 2292.03, 2324.63],
[2322.32, 2365.59, 2308.92, 2366.16], [2364.54, 2359.51, 2330.86, 2369.65],
[2332.08, 2273.4, 2259.25, 2333.54], [2274.81, 2326.31, 2270.1, 2328.14],
[2333.61, 2347.18, 2321.6, 2351.44], [2340.44, 2324.29, 2304.27, 2352.02],
[2326.42, 2318.61, 2314.59, 2333.67],[2314.68, 2310.59, 2296.58, 2320.96],
[2309.16, 2286.6, 2264.83, 2333.29], [2282.17, 2263.97, 2253.25, 2286.33],
[2255.77, 2270.28, 2253.31, 2276.22]]
c = Kline()
c.add_xaxis(["2019/7/{}".format(i + 1) for i in range(31)])
c.add_yaxis("2019 年 7 月份 K 线图", data)
c.set_global_opts(yaxis_opts = opts.AxisOpts(is_scale = True),
            xaxis_opts = opts.AxisOpts(is_scale = True),
            title_opts = opts.TitleOpts(title = "Kline - 基本示例"),)
c.render_notebook()
```

Out[10]:

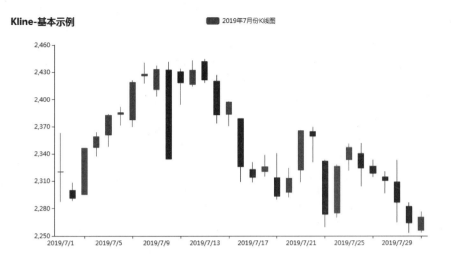

8.3.6 仪表盘

pyecharts 使用 Gauge 绘制仪表盘。

【例 8-11】 绘制仪表盘。

In[11]:
```
from pyecharts import options as opts
from pyecharts.charts import Gauge, Page
c = Gauge()
c.add("业务指标",[("完成率", 55.5)],axisline_opts = opts.AxisLineOpts
(linestyle_opts = opts.LineStyleOpts(color = [(0.3, "＃67e0e3"),
(0.7, "＃37a2da"), (1, "＃fd666d")], width = 30)))
c.set_global_opts(title_opts = opts.TitleOpts(title = "Gauge－不同颜色"),
legend_opts = opts.LegendOpts(is_show = False))
c.render_notebook()
```

Out[11]: **Gauge-不同颜色**

8.3.7 词云

pyecharts 使用 WordCloud 绘制词云。

【例 8-12】 绘制词云。

```
In[12]:    from pyecharts import options as opts
           from pyecharts.charts import Page, WordCloud
           from pyecharts.globals import SymbolType
           words = [
               ("牛肉面", 7800),("黄河", 6181),
               ("《读者》杂志", 4386), ("甜胚子", 3055),
               ("甘肃省博物馆", 2055),("莫高窟", 8067),("兰州大学", 4244),
               ("西北师范大学", 1868),("中山桥", 3484),
               ("月牙泉", 1112),("五泉山", 980),
               ("五彩丹霞", 865),("黄河母亲", 847),("崆峒山",678),
               ("羊皮筏子", 1582),("兴隆山",868),
               ("兰州交通大学", 1555),("白塔山", 2550),("五泉山", 2550)]
           c = WordCloud()
           c.add("", words, word_size_range = [20, 80])
           c.set_global_opts(title_opts = opts.TitleOpts(title = "WordCloud - 基本示例"))
           c.render_notebook()
Out[12]:   WordCloud-基本示例
```

8.3.8 组合图表

pyecharts 可以很方便地绘制组合型图表。

【例 8-13】 组合图表上下布局。

```
In[14]:    from pyecharts import options as opts
           from pyecharts.charts import Bar, Grid, Line, Scatter
           A = ["小米", "三星", "华为", "苹果", "魅族", "VIVO", "OPPO"]
           CA = [100,125,87,90,78,98,118]
           B = ["草莓", "杧果", "葡萄", "雪梨", "西瓜", "柠檬", "车厘子"]
           CB = [78,95,120,102,88,108,98]
           bar = Bar()
```

```
bar.add_xaxis(A)
bar.add_yaxis("商家 A",CA)
bar.add_yaxis("商家 B", CB)
bar.set_global_opts(title_opts = opts.TitleOpts(title = "Grid-Bar"))
bar.render_notebook()
line = Line()
line.add_xaxis(B)
line.add_yaxis("商家 A", CA)
line.add_yaxis("商家 B", CB)
line.set_global_opts(title_opts = opts.TitleOpts(title = "Grid-Line", pos_top
  = "48%"),
legend_opts = opts.LegendOpts(pos_top = "48%"))
line.render_notebook()
grid = Grid()
grid.add(bar, grid_opts = opts.GridOpts(pos_bottom = "60%"))
grid.add(line, grid_opts = opts.GridOpts(pos_top = "60%"))
grid.render_notebook()
```

Out[14]:

8.3.9　桑基图

　　桑基图(Sankey Diagram)即桑基能量分流图,也叫桑基能量平衡图。它是一种特定类型的流程图,图中延伸的分支的宽度对应数据流量的大小,通常应用于能源、材料成分、金融等数据的可视化分析。Pyecharts中利用 Sankey 绘制桑基图。

　　【例 8-15】　桑基图绘制示例。

```
In[15]:   import pandas as pd
          from pyecharts import options as opts
          from pyecharts import options as opts
          from pyecharts.charts import Sankey
          % matplotlib inline
          df = pd.DataFrame({'性别':['男','男','男','女','女','女'],
                          '熬夜原因':['打游戏','看剧','加班','打游戏','看剧','加班'],
```

```
                        '人数':[40,20,40,8,25,36]})
    # display(df)
    nodes = []
    for i in range(2):
        values = df.iloc[:,i].unique()
        for value in values:
            dic = {}
            dic['name'] = value
            nodes.append(dic)
    links = []
    for i in df.values:
        dic = {}
        dic['source'] = i[0]
        dic['target'] = i[1]
        dic['value'] = i[2]
        links.append(dic)
    c = ( Sankey().add("sankey",nodes,links,
            linestyle_opt = opts.LineStyleOpts(opacity = 0.2, curve = 0.5, color = "
    source"),
            label_opts = opts.LabelOpts(position = "right"),
            node_gap = 25
        )
        .set_global_opts(title_opts = opts.TitleOpts(title = "Sankey - 熬夜原因"))
    )
    c.render_notebook()
```

Out[15]:

8.4　本章小结

本章介绍了 pyecharts 可视化中的主要绘图方法,包括 pyecharts 的安装与导入、绘图主要过程以及柱状图、饼图、K 线图、仪表盘、词云、地图及组合图表的绘制方法。

本章实训

本实训针对一些 App 的下载量数据,使用 pyecharts 进行可视化分析。各类 App 某段时间的下载次数见表 8-2。

表 8-2　某段时间内一些 App 的下载量数据

App	下　载　次　数
相机	5045137.0
短视频	4608092.0
视频	35723063.0
浏览器	23775808.0
商城	15367847.0
购票	10424808.0
小说	76975429.0
聊天	7393185.0
小工具	64636392.0
理财记账	50491990.0

1. 绘制数据的柱状图

In[1]:
```
from pyecharts.charts import Bar
items = ["相机", "短视频", "视频", "浏览器", "商城", "购票", "小说",
"聊天", "小工具", "理财记账"]
# X轴数据
sum_app = [[5045137.0], [4608092.0], [35723063.0], [23775808.0], [15367847.0],
[10424808.0], [76975429.0], [7393185.0], [64636392.0], [50491990.0]]
# Y轴数据
bar = Bar(init_opts = opts.InitOpts(theme = ThemeType.LIGHT))
# 生成实例化对象
bar.add_xaxis([ "App 类别"])
for item in items:
    bar.add_yaxis(item, sum_app[items.index(item)])
bar.set_global_opts(title_opts = opts.TitleOpts(title = "Apps",
subtitle = "下载数量"))
bar.render("App 类型.html")
bar.render_notebook()
```

Out[1]:

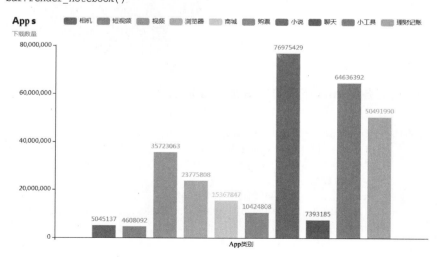

2. 绘制各类 App 下载量的饼图

```
In[2]:    from pyecharts.charts import Pie
          items = ["相机","短视频","视频","浏览器","商城","购票","小说","聊天",
          "小工具","理财记账"]
          # X轴数据
          sum_app = [[5045137.0], [4608092.0], [35723063.0], [23775808.0], [15367847.0],
          [10424808.0], [76975429.0], [7393185.0], [64636392.0], [50491990.0]]
          # Y轴数据
          pie = Pie(init_opts = opts.InitOpts(theme = ThemeType.INFOGRAPHIC))
          # 实例化对象
          pie.add( "",data_pair =
            [(item,sum_app[items.index(item)]) for item in items],
                  radius = ["30%", "75%"],
                  center = ["50%", "50%"],
                  rosetype = "radius",
                  label_opts = opts.LabelOpts(is_show = False))
          pie.set_global_opts(title_opts = opts.TitleOpts(title = "App下载\n数量占比"))
          pie.set_series_opts(label_opts = opts.LabelOpts(formatter = "{b}: {c}"))
          pie.render_notebook()
```

Out[2]:

3. 绘制各类 App 下载量的涟漪特效散点图

```
In[3]:    from pyecharts.charts import EffectScatter
          items = ["相机","短视频","视频","浏览器","商城","购票","小说","聊天",
          "小工具","理财记账"]
          # X轴数据
          sum_app = [5045137.0, 4608092.0, 35723063.0, 23775808.0, 15367847.0,
          10424808.0, 76975429.0, 7393185.0, 64636392.0, 50491990.0]
          # Y轴数据
          c = EffectScatter()
```

＃实例化对象
c.add_xaxis(items)
c.add_yaxis("",sum_app,color = False)
c.set_global_opts(title_opts = opts.TitleOpts(title = "App 下载数量"))
c.render_notebook()

Out[3]:

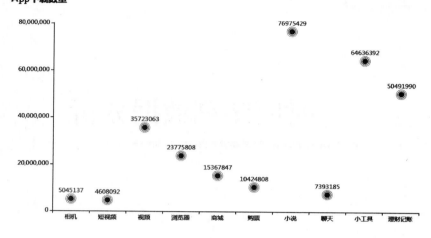

第 **9** 章

时间序列数据分析

时间序列就是按照时间顺序排列的一组数据序列。在很多行业,如金融、经济、生态学、神经科学和物理学等领域,时间序列数据是一种重要的结构化数据类型。时间序列数据分析就是发现这组数据的变化规律并用于预测的统计技术。

9.1 日期和时间数据类型

视频讲解

9.1.1 datetime 构造

Python 标准库中包含用于日期(date)、时间(time)、日历数据的数据类型,主要用到 datetime、time、calendar 模块。Datetime 库的时间数据类型见表 9-1。

表 9-1 Datetime 库的时间数据类型及使用说明

类 型	使 用 说 明
date	日期(年、月、日)
time	时间(时、分、秒、毫秒)
datetime	日期和时间
timedelta	两个 datetime 的差(日、秒、毫秒)
tzinfo	用于存储时区信息的基本类型

其中,date 类型的数据用于创建日期型数据,通过年、月、日进行存储。

【例 9-1】　date 类型数据的创建。

```
In[1]:     import datetime
           date = datetime.date(2019,6,1)
           print(date)
           print(date.year,date.month,date.day)
Out[1]:    2019 − 06 − 01
           2019 6 1
```

time 类型的数据用于存储时间数据,通过时、分、秒、毫秒进行存储。

【例 9-2】　time 类型数据的用法。

```
In[2]:     time = datetime.time(10,20,15)
           print(time)
           print(time.hour,time.minute,time.second)
Out[2]:    10:20:15
           10 20 15
```

datetime 类数据是 date 类和 time 类数据的组合,通过 now 函数可以查看当前的时间。

【例 9-3】　使用 now 函数查看当前时间。

```
In[3]:     now = datetime.datetime.now()
           print(now)
Out[3]:    2019 − 06 − 03 11:28:40.795908
```

timedelta 类数据为两个 datetime 类数据的差,也可以通过给 datetime 类对象加或减去类对象,以此获得新的 datetime 对象。

【例 9-4】　timedelta 类数据应用。

```
In[4]:     now = datetime.datetime(2019,12,12)
           birth = datetime.datetime(2016,5,1)
           delta = now − birth
           print(delta)
           newdatetime = birth + datetime.timedelta(120)
           print(newdatetime)
Out[4]:    1320 days, 0:00:00
           2016 − 08 − 29 00:00:00
```

9.1.2　数据转换

在数据分析中,字符串和 datetime 类数据需要进行转换,通过 str 方法可以直接将 datetime 类数据转换为字符串数据。

【例 9-5】　将 datetime 类数据转换为字符串数据。

```
In[5]:     from datetime import datetime
           stamp = datetime(2019,6,4)
           print(str(stamp))
Out[5]:    2019 − 06 − 04 00:00:00
```

如果需要将 datetime 类数据转换为特定格式的字符串数据,需要使用 strftime 方法。datetime 格式说明见表 9-2。

【例 9-6】 使用 strftime 方法转换 datetime 类型数据。

```
In[6]:    stamp.strftime('%Y/%m/%d')
Out[6]:   '2019/06/04'
```

表 9-2   datetime 格式说明

类　　型	描　　述
%Y	四位的年份
%y	两位的年份
%m	两位的月份[01,…,12]
%d	两位的日期[01,…,31]
%H	小时,24 小时制[00,…,24]
%I	小时,12 小时制[01,…,12]
%M	两位的分钟[00,…,59]
%S	两位的秒
%W	每年的第几周,星期一为每周第一天
%F	%Y-%m-%d 的简写(如 2019-9-20)
%D	%m/%d/%y 的简写(如 09/20/19)

可以使用 datetime.strptime 和格式代码将字符串转换为日期。

【例 9-7】 将字符串转换为日期类型。

```
In[7]:    w_value = '2019 - 6 - 23'
          print(datetime.strptime('2019 - 06 - 23','%Y - %m - %d'))
          datestrs = ['7/19/1976','8/1/1976']
          [datetime.strptime(x,'%m/%d/%Y') for x in datestrs]
Out[7]:   2019 - 06 - 23 00:00:00
          [datetime.datetime(1976, 7, 19, 0, 0), datetime.datetime(1976, 8, 1, 0, 0)]
```

在 Pandas 中也可以通过 to_datetime 方法快速将一列字符串数据转换为 datetime 数据。

9.2   时间序列基础

视频讲解

Pandas 中的基础时间序列种类是由时间戳索引的 Series,在 Pandas 外部则表示为 Python 字符串或 datetime 对象。

9.2.1   时间序列构造

Pandas 中的时间序列指的是以时间数据为索引的 Series 或 DataFrame,构造方法即为 Series 的构造。

【例 9-8】 时间序列的构造。

```
In[8]:    w_dates = [datetime(2018,5,15),datetime(2018,6,15),datetime(2019,5,18),
          datetime(2019,5,25)]
          s = pd.Series(np.arange(4),index = w_dates)
          print(s)
Out[8]:   2018 - 05 - 15    0
          2018 - 06 - 15    1
          2019 - 05 - 18    2
          2019 - 05 - 25    3
          dtype: int32
```

创建时间序列 Series 的索引为 DatetimeIndex 对象。

【例 9-9】 显示时间序列的索引。

```
In[9]:    s.index
Out[9]:   DatetimeIndex(['2018 - 05 - 15', '2018 - 06 - 15', '2019 - 05 - 18', '2019 - 05 - 25'],
          dtype = 'datetime64[ns]', freq = None)
```

和其他 Series 类似,不同索引的时间序列之间的算术运算在日期上会自动对齐。

【例 9-10】 时间序列索引对齐。

```
In[10]:   s + s[::2]
Out[10]:  2018 - 05 - 15    0.0
          2018 - 06 - 15    NaN
          2019 - 05 - 18    4.0
          2019 - 05 - 25    NaN
          dtype: float64
```

s[::2]表示将 s 中的元素每隔一个取出。

9.2.2 索引与切片

时间序列的索引方法和 Pandas 基础数据类型的用法是一样的。

【例 9-11】 时间序列的索引。

```
In[11]:   print(s)
          print(s[2])
Out[11]:  2018 - 05 - 15    0
          2018 - 06 - 15    1
          2019 - 05 - 18    2
          2019 - 05 - 25    3
          dtype: int32
          2
```

切片的使用方法和 Pandas 基础数据的用法一样,而且传入日期字符串或者 datetime
类型的数据也可以完成切片。

【例 9-12】 时间序列的切片。

```
In[12]:   s[:2]
```

```
Out[12]:   2018 - 05 - 15      0
           2018 - 06 - 15      1
           dtype: int32
```

【例 9-13】 使用索引获取时间序列的切片。

```
In[13]:    s['2019 - 05 - 15':'2019 - 05 - 18']
Out[13]:   2019 - 05 - 18      2
           dtype: int32
```

对于长时间序列来说,可以通过年、月轻松获取时间序列的切片。

【例 9-14】 使用年获取时间序列的切片。

```
In[14]:    s['2018']
Out[14]:   2018 - 05 - 15      0
           2018 - 06 - 15      1
           dtype: int32
```

【例 9-15】 使用年和月获取时间序列的切片。

```
In[15]:    s['2018 - 6']
Out[15]:   2018 - 06 - 15      1
           dtype: int32
```

对于具有重复索引的时间序列,可以通过索引的 is_unique 属性进行检查。

【例 9-16】 查看重复时间序列。

```
In[16]:    s.index.is_unique
Out[16]:   True
```

视频讲解

9.3 日期范围、频率和移位

Pandas 的通用时间序列是不规则的,即时间序列的频率是不固定的。然而经常有需要处理固定频率的场景,如每天、每月等。因此,Pandas 还提供了一整套标准的时间序列频率和工具用于重新采样、推断频率及生成固定频率的数据范围。

9.3.1 日期范围

使用 pd.date_range 函数可以创建指定长度的 DatetimeIndex 索引。

【例 9-17】 使用 date_range 函数创建 DatetimeIndex 索引。

```
In[17]:    index = pd.date_range('2018 - 12 - 28','2019 - 1 - 10')
           index
Out[17]:   DatetimeIndex(['2018 - 12 - 28', '2018 - 12 - 29', '2018 - 12 - 30', '2018 - 12 - 31',
                          '2019 - 01 - 01', '2019 - 01 - 02', '2019 - 01 - 03', '2019 - 01 - 04',
                          '2019 - 01 - 05', '2019 - 01 - 06', '2019 - 01 - 07', '2019 - 01 - 08',
                          '2019 - 01 - 09', '2019 - 01 - 10'],
                          dtype = 'datetime64[ns]', freq = 'D')
```

在默认情况下,产生的 DatetimeIndex 索引的间隔为天。如果只传递一个起始或结束日期,则必须传递一个用于生成范围的数字。

【例 9-18】 在 date_range 中指定开始日期和长度。

```
In[18]:    index = pd.date_range(start = '2019 - 5 - 28',periods = 6)
           index
Out[18]:   DatetimeIndex(['2019 - 05 - 28', '2019 - 05 - 29', '2019 - 05 - 30', '2019 - 05 - 31',
                          '2019 - 06 - 01', '2019 - 06 - 02'],
                         dtype = 'datetime64[ns]', freq = 'D')
```

【例 9-19】 在 date_range 中指定结束日期和长度。

```
In[19]:    index = pd.date_range(end = '2019 - 5 - 28',periods = 6)
           index
Out[19]:   DatetimeIndex(['2019 - 05 - 23', '2019 - 05 - 24', '2019 - 05 - 25', '2019 - 05 - 26',
                          '2019 - 05 - 27', '2019 - 05 - 28'],
                         dtype = 'datetime64[ns]', freq = 'D')
```

9.3.2 频率和移位

1. 频率

时间序列的频率由基础频率和日期偏置组成,可以通过 freq 参数使用其他频率。基础时间序列频率见表 9-3。

表 9-3 基础时间序列频率(部分)

类型	偏置类型	描述
D	Day	日历日的每天
B	BusinessDay	工作日的每天
H	Hour	每小时
T 或 min	Minute	每分钟
S	Second	每秒
M	MonthEnd	每月最后一个工作日
BM	BusinessMonthEnd	工作日的月底日期
MS	MonthBegin	工作日的月初日期
A-JAN	BusinessYearEnd	每年指定月份的最后一个日历日(A-接 JAN、FEB 等)

【例 9-20】 使用 freq 参数设置频率'M'。

```
In[20]:    index = pd.date_range('2018 - 12 - 28','2019 - 3 - 10',freq = 'M')
           index
Out[20]:   DatetimeIndex(['2018 - 12 - 31', '2019 - 01 - 31', '2019 - 02 - 28'], dtype =
           'datetime64[ns]', freq = 'M')
```

【例 9-21】 使用 freq 参数设置频率'2H'。

```
In[21]:    index = pd.date_range(start = '2019 - 5 - 28', periods = 4, freq = '2H')
           index
Out[21]:   DatetimeIndex(['2019 - 05 - 28 00:00:00', '2019 - 05 - 28 02:00:00',
                          '2019 - 05 - 28 04:00:00', '2019 - 05 - 28 06:00:00'],
                         dtype = 'datetime64[ns]', freq = '2H')
```

更为复杂的频率字符串,也可以被高效地解析为相应的频率。

【例 9-22】 设置频率字符串。

```
In[22]:    index = pd.date_range(start = '2019 - 5 - 28', periods = 4, freq = '2H15T15S')
           index
Out[22]:   DatetimeIndex(['2019 - 05 - 28 00:00:00', '2019 - 05 - 28 02:15:15',
                          '2019 - 05 - 28 04:30:30', '2019 - 05 - 28 06:45:45'],
                         dtype = 'datetime64[ns]', freq = '8115S')
```

2. 移位

"移位"是指将日期按时间向前或向后移动。Series 和 DataFrame 都有一个 shift 方法用于简单地前向或后向移位,而不改变索引。

【例 9-23】 时间数据的移位。

```
In[23]:    wdate = pd.Series(np.random.randn(4), index = pd.date_range('2019/1/1', periods = 4, freq = 'M'))
           print(wdate)
           wdate.shift(2)
Out[23]:   2019 - 01 - 31      - 0.103824
           2019 - 02 - 28        0.183117
           2019 - 03 - 31        1.442153
           2019 - 04 - 30        0.350104
           Freq: M, dtype: float64
           2019 - 01 - 31         NaN
           2019 - 02 - 28         NaN
           2019 - 03 - 31      - 0.103824
           2019 - 04 - 30        0.183117
           Freq: M, dtype: float64
```

这种单纯的移动不会修改索引,而是使部分数据被丢弃。如果在 shift 方法中传入频率参数,这样就是修改索引了。

【例 9-24】 在 shift 方法中传入频率参数修改索引。

```
In[24]:    wdate.shift(2, freq = 'D')
Out[24]:   2019 - 02 - 02      - 0.103824
           2019 - 03 - 02        0.183117
           2019 - 04 - 02        1.442153
           2019 - 05 - 02        0.350104
           dtype: float64
```

9.4 时期

时期表示的是时间区间,如数天、数月或数年等。

9.4.1 时期基础

Period 可以创建时期型的数据,传入字符串、整数或频率即可。

【例 9-25】 使用 Period 可以创建时期型数据。

```
In[25]:   w = pd.Period(2019,freq = 'A－DEC')
          print(w)
          print(w + 2)
Out[25]:  2019
          2021
```

类似于 pd.date_range,pd.period_range 函数可以创建日期范围,PeriodIndex 索引同样可以构造 Series 或 DataFrame。

【例 9-26】 PeriodIndex 索引的用法。

```
In[26]:   wdate = pd.period_range('2019/1/1','2019/6/1',freq = 'M')
          pd.Series(np.arange(6),index = wdate)
Out[26]:  2019－01    0
          2019－02    1
          2019－03    2
          2019－04    3
          2019－05    4
          2019－06    5
          Freq: M, dtype: int32
```

9.4.2 频率转换

Period 和 PeriodIndex 对象可以通过 asfreq 方法转换频率。

【例 9-27】 频率转换。

```
In[27]:   p = pd.Period(2019,freq = 'A－FEB')
          print(p.asfreq('M',how = 'start'))
          print(p.asfreq('M',how = 'end'))
Out[27]:  2018－03
          2019－02
```

9.4.3 时期数据转换

使用 to_period 方法可以将以时间戳为索引的时间序列数据转换为以时期为索引的时间序列。

【例 9-28】 日期数据的转换。

```
In[28]:    w = pd.date_range('2019/1/1','2019/6/1',freq = 'M')
           y = pd.Series(np.arange(5),index = w)
           print(y)
           ps = y.to_period()
           print(ps)
Out[28]:   2019 − 01 − 31 0
           2019 − 02 − 28     1
           2019 − 03 − 31     2
           2019 − 04 − 30     3
           2019 − 05 − 31     4
           Freq: M, dtype: int32
           2019 − 01     0
           2019 − 02     1
           2019 − 03     2
           2019 − 04     3
           2019 − 05     4
           Freq: M, dtype: int32
```

视频讲解

9.5 重采样、降采样和升采样

重采样是时间序列频率转换的过程。高频率聚合到低频率称为降采样,而低频率转换为高频率称为升采样。

9.5.1 重采样

Pandas 中的 resample 函数用于各种频率的转换工作。resample 方法的参数与说明见表 9-4。

【例 9-29】 将间隔为天的频率转换为间隔为月的频率。

```
In[29]:    w = pd.date_range(start = '2018/6/1',periods = 100,freq = 'D')
           y = pd.Series(np.arange(100),index = w)
           print(y.head(8))
           ps = y.resample('M').mean()
           print(ps)
Out[29]:   2018 − 06 − 01 0
           2018 − 06 − 02     1
           2018 − 06 − 03     2
           2018 − 06 − 04     3
           2018 − 06 − 05     4
           2018 − 06 − 06     5
           2018 − 06 − 07     6
           2018 − 06 − 08     7
           Freq: D, dtype: int32
           2018 − 06 − 30     14.5
```

```
             2018 - 07 - 31      44.0
             2018 - 08 - 31      75.0
             2018 - 09 - 30      94.5
             Freq: M, dtype: float64
```

表 9-4　resample 方法的参数与描述

参　　数	描　　述
freq	转换频率
axes＝0	重采样的轴
closed＝'right'	在降采样中,设置各时间段哪端是闭合的
label＝'right'	在降采样中,如何设置聚合值的标签
loffset＝None	设置时间偏移
kind＝None	聚合到时期,默认为时间序列的索引类型
convention	升采样采用的约定(start 或 end),默认为 end

9.5.2　降采样

在降采样中,需要考虑 closed 和 label 参数,分别表示哪边区间是闭合的,哪边是标记的。

【例 9-30】　降采样。

```
In[30]:  wdate = pd.date_range(start = '2019/5/1',periods = 10,freq = 'D')
         w = pd.Series(np.arange(10),index = wdate)
         print(w)
         w.resample('3D',closed = 'right',label = 'right').sum()
Out[30]: 2019 - 05 - 01 0
         2019 - 05 - 02      1
         2019 - 05 - 03      2
         2019 - 05 - 04      3
         2019 - 05 - 05      4
         2019 - 05 - 06      5
         2019 - 05 - 07      6
         2019 - 05 - 08      7
         2019 - 05 - 09      8
         2019 - 05 - 10      9
         Freq: D, dtype: int32
         2019 - 05 - 01       0
         2019 - 05 - 04       6
         2019 - 05 - 07      15
         2019 - 05 - 10      24
         Freq: 3D, dtype: int32
```

9.5.3　升采样

在升采样中主要是数据的插值,即对缺失值进行填充,填充方法与 fillna 相似。

【例 9-31】 升采样。

```
In[31]:     ydata = [datetime(2019,6,1),datetime(2019,6,6)]
            y = pd.Series([1,6],index = ydata)
            print(y)
            y.resample('D').ffill()
Out[31]:    2019 − 06 − 01 1
            2019 − 06 − 06      6
            dtype: int64
            2019 − 06 − 01      1
            2019 − 06 − 02      1
            2019 − 06 − 03      1
            2019 − 06 − 04      1
            2019 − 06 − 05      1
            2019 − 06 − 06      6
            Freq: D, dtype: int64
```

9.6　本章小结

本章介绍了时间序列数据分析的基本方法，主要是 Pandas 中日期型数据、日期的范围、频率及时期的操作。

本章实训

本实训以自行车租赁统计数据为例，使用 Pandas 中的时间序列分析方法，探究自行车租赁数据随时间及天气变化的分布情况。本实训所用数据可在 Kaggle 网站（https://www.kaggle.com/chenmingml/bikesharingdemand/downloads/bikesharingdemand.zip/1）下载。

1. 导入模块

```
In[1]:      import numpy as np
            import pandas as pd
            import datetime
            import matplotlib.pyplot as plt
            import seaborn as sns
            % matplotlib inline
```

2. 获取数据，导入待处理数据 bike.csv，并显示前 5 行

```
In[2]:      bike = pd.read_csv('bike.csv')
            bike.head()
```

Out[2]:

	datetime	season	holiday	workingday	weather	temp	atemp	humidity	windspeed	casual	registered	count
0	2011-01-01 00:00:00	1	0	0	1	9.84	14.395	81	0.0	3	13	16
1	2011-01-01 01:00:00	1	0	0	1	9.02	13.635	80	0.0	8	32	40
2	2011-01-01 02:00:00	1	0	0	1	9.02	13.635	80	0.0	5	27	32
3	2011-01-01 03:00:00	1	0	0	1	9.84	14.395	75	0.0	3	10	13
4	2011-01-01 04:00:00	1	0	0	1	9.84	14.395	75	0.0	0	1	1

3. 分析数据

（1）查看待处理数据的数据类型。

```
In[3]:    bike.info()
Out[3]:   <class 'pandas.core.frame.DataFrame'>
          RangeIndex: 10886 entries, 0 to 10885
          Data columns (total 12 columns):
          datetime      10886 non-null object
          season        10886 non-null int64
          holiday       10886 non-null int64
          workingday    10886 non-null int64
          weather       10886 non-null int64
          temp          10886 non-null float64
          atemp         10886 non-null float64
          humidity      10886 non-null int64
          windspeed     10886 non-null float64
          casual        10886 non-null int64
          registered    10886 non-null int64
          count         10886 non-null int64
          dtypes: float64(3), int64(8), object(1)
          memory usage: 1020.6＋KB
```

（2）将字段 datetime 的类型转换为日期时间。

```
In[4]:    bike.datetime = pd.to_datetime(bike.datetime)
          bike.dtypes
Out[4]:   datetime      datetime64[ns]
          season        int64
          holiday       int64
          workingday    int64
          weather       int64
          temp          float64
          atemp         float64
          humidity      int64
          windspeed     float64
          casual        int64
          registered    int64
          count         int64
          dtype: object
```

（3）将 datetime 设置为索引，并从租赁数值差异着手观察它们的密度分布。

```
In[5]:    bike = bike.set_index('datetime')
          sns.distplot(bike["count"])
```

```
Out[5]:   <matplotlib.axes._subplots.AxesSubplot at 0xb553b38>
```

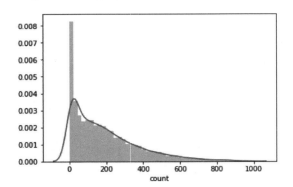

从运行结果发现，有长尾现象。

（4）显示 count 字段的描述信息。

```
In[6]:    bike["count"].describe()
Out[6]:   count     10886.000000
          mean        191.574132
          std         181.144454
          min           1.000000
          25 %         42.000000
          50 %        145.000000
          75 %        284.000000
          max         977.000000
          Name: count, dtype: float64
```

（5）将 count 列中小于第一四分位数的数据删除，并绘制对应的密度图。

```
In[7]:    def Count(x):
              if x < 145:
                  return np.nan
              else:
                  return x
          bike1 = bike
          bike1["count"] = bike1["count"].apply(Count)
          bike1 = bike1.dropna(axis = 0, how = 'any')
          sns.distplot(bike1["count"])
```

Out[7]: ⟨matplotlib.axes._subplots.AxesSubplot at 0xba5ccf8⟩

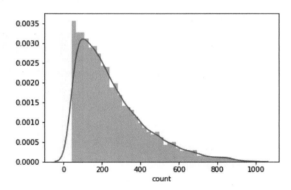

对数据进行处理后长尾现象有所改善。

（6）按年份统计自行车租赁数的均值。

In[8]: bike = bike1
       y_bike = bike.groupby(bike.index.year).mean()['count']
       y_bike
Out[8]: datetime
       2011   274.526697
       2012   366.408629
       Name: count, dtype: float64

（7）绘制按年份统计自行车租赁数均值的直方图。

In[9]: y_bike.plot(kind = 'bar', rot = 0)
Out[9]: ⟨matplotlib.axes._subplots.AxesSubplot at 0x13dc3f60⟩

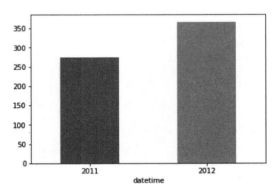

（8）重采样，按月进行分析汇总。

In[10]: mm_bike = bike.resample('M', kind = "period").mean()
        mm_bike.head(10)

Out[10]:

datetime	season	holiday	workingday	weather	temp	atemp	humidity	windspeed	casual	registered	count
2011-01	1.0	0.000000	1.000000	1.160000	8.692000	10.909600	49.320000	11.880440	5.280000	175.520000	180.800000
2011-02	1.0	0.000000	0.791045	1.283582	14.294925	17.243134	44.179104	18.179100	23.835821	168.208955	192.044776
2011-03	1.0	0.000000	0.666667	1.291667	16.553750	19.728021	49.458333	18.187778	48.583333	163.781250	212.364583
2011-04	2.0	0.078014	0.617021	1.453901	19.970780	23.634752	55.177305	16.893741	60.624113	177.539007	238.163121
2011-05	2.0	0.000000	0.758197	1.446721	23.060820	27.214037	64.069672	13.946627	55.745902	224.110656	279.856557

(9) 按月统计数据的绘图。

In[11]:
```
mm_bike.plot()
plt.legend(loc = "best",fontsize = 8)
```
Out[11]: 〈matplotlib.legend.Legend at 0xcdb1588〉

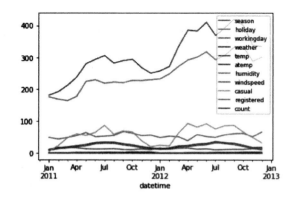

(10) 绘图观察哪个月份自行车的租赁数目最大。

In[12]:
```
m_bike = bike.groupby(bike.index.month).mean()['count']
m_bike.plot()
plt.grid()
```
Out[12]:

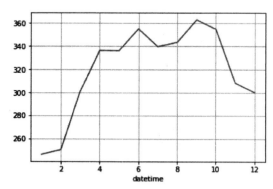

从图中可以发现,9月份自行车租赁数量最多。

(11) 分析每天不同时间自行车租赁数量的变化。

In[13]:
```
h_bike = bike.groupby(bike.index.hour).mean()['count']
h_bike.plot("bar",rot = 0)
```

Out[13]:   ⟨matplotlib.axes._subplots.AxesSubplot at 0xcd5f358⟩

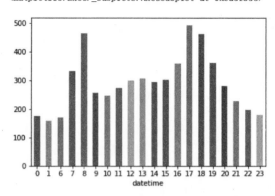

从图中可以发现，每天 8 点和 17 点自行车租赁数量最多。

（12）分析天气对租赁数额的影响。

In[14]:   weather_bike = bike.groupby(bike.weather).mean()['count']
            weather_bike.plot(kind = 'bar',rot = 0)

Out[14]:   ⟨matplotlib.axes._subplots.AxesSubplot at 0x15436c50⟩

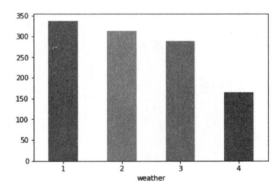

第 **10** 章

SciPy科学计算

SciPy 是一款用于数学、科学和工程领域的 Python 工具包,可以实现插值、积分、优化、图像处理、常微分方程数值解的求解、信号处理等功能。

10.1　SciPy 中的常数与特殊函数

10.1.1　SciPy 的 constants 模块

SciPy 的 constants 模块包含大量用于科学计算的常数。

【例 10-1】　显示 constants 模块中的常用常数。

```
In[1]    from scipy import constants as C
         print(C.pi)                    #圆周率
         print(C.golden)                #黄金比例
         print(C.c)                     #真空中的光速
         print(C.h)                     #普朗克常数
         print(C.mile)                  #一英里等于多少米
         print(C.inch)                  #一英寸等于多少米
         print(C.degree)                #一度等于多少弧度
         print(C.minute)                #一分钟等于多少秒
         print(C.g)                     #标准重力加速度
out[1]   3.141592653589793
         1.618033988749895
         299792456.0
         5.62607004e - 34
         1607.3439999999998
```

```
0.0254
0.017453292519943295
60.0
7.80665
```

10.1.2　SciPy 的 special 模块

SciPy 的 special 模块包含大量函数库,包括基本数学函数、特殊函数以及 NumPy 中的所有函数。

【例 10-2】　special 模块中的常用函数。

```
In[2]:    from scipy import special as S
          print(S.cbrt(8))              #立方根
          print(S.exp10(3))             #10 ** 3
          print(S.sindg(90))            #正弦函数,参数为角度
          print(S.round(3.1))           #四舍五入函数
          print(S.round(3.5))
          print(S.round(3.499))
          print(S.comb(5,3))            #从 5 个中任选 3 个的组合数
          print(S.perm(5,3))            #排列数
          print(S.gamma(4))             #gamma 函数
          print(S.beta(10,200))         #beta 函数
          print(S.sinc(0))              #sinc 函数
Out[2]:   2.0
          1000.0
          1.0
          3.0
          4.0
          3.0
          10.0
          60.0
          5.0
          2.839607777781333e - 18
          1.0
```

10.2　SciPy 中的线性代数基本运算

视频讲解

SciPy.linalg 是 SciPy 中实现线性代数计算的模块,常用的导入方式为:

```
from scipy import linalg
```

10.2.1　基本的矩阵运算

在 NumPy 中,矩阵有矩阵类型和二维数组两种表示方法。

1. 数组类型下的基本操作

矩阵类型数据可以用 np.mat()或 mat.matrix()创建。

【例 10-3】 矩阵的创建及其简单运算。

```
In[3]:    from scipy import linalg
          import numpy as np
          A = np.mat('[1,2;3,4]')
          print('A矩阵为:\n',A)
          print('A的转置矩阵为:\n',A.T)
          print('A的逆矩阵为:\n',A.I)
Out[3]:   A矩阵为:
          [[1 2]
          [3 4]]
          A的转置矩阵为:
          [[1 3]
          [2 4]]
          A的逆矩阵为:
          [[-2. 1. ]
          [ 1.5 -0.5]]
```

2. 矩阵类型下的基本操作

矩阵也可以用二维数组对象表示,数组对象的矩阵操作与矩阵对象有一定的区别。

【例 10-4】 数组的创建及其简单运算。

```
In[4]:    M = np.array([[1,2],[3,4]])
          print('M矩阵为:\n',M)
          print('M的转置矩阵为:\n',M.T)
          print('M的逆矩阵为:\n',linalg.inv(M))
Out[4]:   M矩阵为:
          [[1 2]
          [3 4]]
          M的转置矩阵为:
          [[1 3]
          [2 4]]
          M的逆矩阵为:
          [[-2. 1. ]
          [ 1.5 -0.5]]
```

10.2.2 线性方程组求解

有以下方程组:

$$\begin{cases} x+3y+5z=10 \\ 2x+5y-z=6 \\ 2x+4y+7z=4 \end{cases}$$

其矩阵形式为：

$$\begin{bmatrix} 1 & 3 & 5 \\ 2 & 5 & -1 \\ 2 & 4 & 7 \end{bmatrix} \begin{bmatrix} x \\ y \\ z \end{bmatrix} = \begin{bmatrix} 10 \\ 6 \\ 4 \end{bmatrix}$$

除了通过矩阵的逆求解外，还可以直接使用 linalg.solve() 函数求解，而且效率更高。

【例 10-5】 线性方程组求解。

```
In[5]:    from scipy import linalg
          import numpy as np
          a = np.array([[1, 3, 5], [2, 5, -1], [2, 4, 7]])
          b = np.array([10, 6, 4])
          x = linalg.solve(a, b)
          print(x)
Out[5]:   [-14.31578947  7.05263158  0.63157895]
```

10.2.3 行列式的计算

行列式是一个将方阵映射到标量的函数。linalg.det() 可以计算矩阵的行列式。

【例 10-6】 矩阵行列式的计算。

```
In[6]:    M = np.array([[1,2],[3,4]])
          linalg.det(M)
Out[6]:   -2.0
```

10.2.4 范数

范数是数学上一个类似于"长度"的概念。linalg.norm() 函数可以计算向量或矩阵的范数（或者模）。矩阵的常用范数及其含义见表 10-1。

表 10-1 矩阵的常用范数及其含义

矩 阵 范 数	含 义
Frobenius	矩阵所有元素平方和的平方根
L 范数	矩阵中每列元素和的最大值
-1 范数	矩阵中每列元素和的最小值
2 范数	矩阵的最大奇异值
-2 范数	矩阵的最小奇异值
正无穷范数	矩阵每行元素和的最大值
负无穷范数	矩阵每行元素和的最小值

【例 10-7】 范数的运算。

```
In[7]:    M = np.array([[1,2],[3,4]])
          print('M 矩阵为:\n',M)
          print('M 矩阵的 L 范数为:\n',linalg.norm(M,1))
```

```
          print('M 矩阵的 2 范数为:\n',linalg.norm(M,2))
          print('M 矩阵的正无穷范数为:\n',linalg.norm(M,np.inf))
Out[7]:   M 矩阵为:
          [[1 2]
          [3 4]]
          M 矩阵的 L 范数为:
          6.0
          M 矩阵的 2 范数为:
          5.464985704219043
          M 矩阵的正无穷范数为:
          7.0
```

10.2.5　特征值分解

函数 linalg.eig()可以用来求解特征值和特征向量。

【例 10-8】　特征值分解。

```
In[8]:    A = np.array([[1,2],[3,4]])
          l,v = linalg.eig(A)
          print(l)
          print(v)
Out[8]:   [ − 0.37228132 + 0.j 5.37228132 + 0.j]
          [[ − 0.82456484 − 0.41597356]
          [ 0.56576746 − 0.90937671]]
```

10.2.6　奇异值分解

奇异值分解是一种能适用于任意矩阵的分解方法,它将 M×N 的矩阵 A 分解为 A=$U\Sigma V^H$,矩阵 Σ 主对角线上的元素被称为奇异值。使用函数 linalg.svd()可以实现矩阵的奇异值分解。

【例 10-9】　矩阵的奇异值分解。

```
In[9]:    from numpy import *
          data = mat([[1,2,3],[4,5,6]])
          U,sigma,VT = np.linalg.svd(data)
          print('U: ',U)
          print('SIGMA:',sigma)
          print('VT:',VT)
Out[9]:   U: [[ − 0.3863177 − 0.92236578]
              [ − 0.92236578 0.3863177 ]]
          SIGMA: [7.508032 0.77286964]
          VT: [[ − 0.42866713 − 0.56630692 − 0.7039467 ]
              [ 0.80596391 0.11238241 − 0.58119908]
              [ 0.40824829 − 0.81649658 0.40824829]]
```

10.3 SciPy 中的优化

SciPy. optimize 包提供了几种常用的优化算法,包括用来求有/无约束的多元标量函数最小值算法、最小二乘法、求有/无约束的单变量函数最小值算法,以及解各种复杂方程的算法。

10.3.1 方程求解及求极值

使用 SciPy. optimize 模块的 root 和 fsolve 函数进行数值求解线性及非线性方程。

【例 10-10】 使用 root 函数求方程的解。

```
In[10]:    from scipy.optimize import root
           def func(x):
               return x * 2 + 2 * np.cos(x)
           sol = root(func, 0.3)                # 0.3 估计初始值
           print (sol)
Out[10]:   fjac: array([[ -1.]])
                fun: array([0.])
            message: 'The solution converged.'
               nfev: 10
                qtf: array([ -2.77666778e - 12])
                  r: array([ -3.3472241])
             status: 1
            success: True
                  x: array([ -0.73908513])
```

使用 fmin、fminbound 可以求函数的极值。

【例 10-11】 函数极值求解。

```
In[11]:    import numpy as np
           from matplotlib import pyplot as plt
           from scipy.optimize import fmin,fminbound
           def f(x):
               return x ** 2 + 10 * np.sin(x) + 1
           x = np.linspace( -10,10,num = 500)
           min1 = fmin(f,3)                     # 求 3 附近的极小值
           min2 = fmin(f,0)                     # 求 0 附近的极小值
           min_global = fminbound(f, -10,10)    # 这个区域的最小值
           print(min1)
           print(min2)
           print(min_global)
```

```
         plt.plot(x,f(x))
         plt.show()
```

Out[11]: Optimization terminated successfully.

  Current function value: 9.315586

  Iterations: 15

  Function evaluations: 30

Optimization terminated successfully.

  Current function value: −6.945823

  Iterations: 26

  Function evaluations: 52

[3.83745117]

[−1.3064375]

−1.306440096615395

<Figure size 640x480 with 1 Axes>

10.3.2 数据拟合

1. 多项式拟合

多项式拟合用一个 n 阶多项式描述数据点 (x,y) 的关系,即 $y = \sum_{i=0}^{n} a_i x^i$,多项式拟合的目的是找到一组系数 a,使得拟合得到的曲线与真实数据点之间的距离最小。

多项式的拟合可以使用 NumPy 模块的 np.polyfit() 函数得到。

【例 10-12】 多项式拟合。

```
In[12]:    import matplotlib.pyplot as plt
           x = np.linspace(−5,5,20)
           y = 3.5 * x + 2.1
           y_noise = y + np.random.randn(20) * 2
           coeff = np.polyfit(x,y_noise,1)
           plt.plot(x,y_noise,'x',x,coeff[0] * x + coeff[1])
           plt.show()
```

Out[12]:

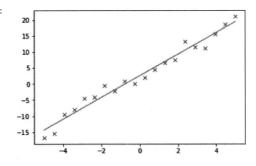

多项式函数还可以通过 np.ployld()生成。

【例 10-13】 分别使用 1 阶、3 阶和 9 阶多项式对数据进行拟合。

```
In[13]:    x = np.linspace(0,np.pi * 2)
           y = np.sin(x)
           f1 = np.poly1d(np.polyfit(x,y,1))
           f3 = np.poly1d(np.polyfit(x,y,3))
           f9 = np.poly1d(np.polyfit(x,y,9))
           t = np.linspace( - 3 * np.pi,np.pi * 3,80)
           plt.plot(x,y,'x',t,f1(t),':',t,f3(t),'--',t,f9(t),'-.')
           plt.axis([0,3 * np.pi, - 1.5,1.5])
           plt.legend(['data',r'$ n = 1 $',r'$ n = 3 $',r'$ n = 9 $'])
           plt.show()
```

Out[13]:

2. 最小二乘拟合

最小二乘拟合(Least Squares)是一种常用的数学优化技术,通过最小化误差的平方和寻找一个与数据匹配的最佳函数。

要使用最小二乘优化,需要先定义误差函数:

```
def errf(p,x,y):
  return y - func(x, * p)
```

其中,p 表示要估计的真实参数,x 是函数的输入,y 表示输入对应的数据值。最小二乘估计对应的函数为 optimize.leastsq(),可以使用该函数和定义的误差函数,对真实参数进行最小二乘估计。

【例 10-14】 最小二乘估计示例。

```
In[14]:    from scipy import optimize
           def myfunc(x,a,b,w,t):
               return a * np.exp( - b * np.sin(w * x + t))
           x = np.linspace(0,2 * np.pi)
           par = [3,2,1.25,np.pi/4]
           y = myfunc(x, * par)
           y_noise = y + 0.8 * np.random.randn(len(y))
           def errf(p,x,y):
               return y - myfunc(x, * p)
           c,rv = optimize.leastsq(errf,[1,1,1,1],args = (x,y_noise))
```

```
        # c 返回找到的最小二乘估计
        plt.plot(x,y_noise,'x',x,y,x,myfunc(x, * c),':')
        plt.legend(['data','actual','leastsq'])
        plt.show()
```

Out[14]:

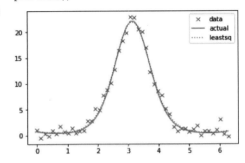

3. 曲线拟合

可以不定义误差函数,用函数 optimize.curve_fit()直接对函数 myfunc 的参数进行拟合。

【例 10-15】 曲线拟合示例。

```
In[15]:    p,e = optimize.curve_fit(myfunc,x,y_noise)
           print('p 是对参数的估计值:\n',p)
           print('e 是 4 个估计参数的协方差矩阵:\n',e)
```

Out[15]: p 是对参数的估计值:
          [3.28292536 1.90102739 1.2478838 0.78989363]
          e 是 4 个估计参数的协方差矩阵:
          [[0.17453746 − 0.05248031 0.01959142 − 0.06158022]
          [− 0.05248031 0.01606779 − 0.00572988 0.01801028]
          [0.01959142 − 0.00572988 0.00271714 − 0.00854062]
          [− 0.06158022 0.01801028 − 0.00854062 0.02707182]]

10.4 SciPy 中的稀疏矩阵处理

10.4.1 稀疏矩阵的存储

稀疏矩阵(Sparse Matrix)是只有少部分元素值是非零的矩阵。如果按照正常方式存储所有元素,则这些矩阵将占用巨大空间,因此,稀疏矩阵只保存非零值及对应的位置。

SciPy.sparse 是 SciPy 中负责稀疏矩阵的模块。在 SciPy 中,根据存储方式的不同,可以将稀疏矩阵分为以下几类:

✍ bsr_matrix(Block Sparse Row matrix):分块存储,基于行;

✍ coo_matrix(A sparse matrix in COOrdinate format):坐标形式存储(COO);

✍ csc_matrix(Compressed Sparse Column matrix):基于列的压缩存储(CSC);

✍ csr_matrix(Compressed Sparse Row matrix)：基于行的压缩存储(CSR)；

✍ dia_matrix(Sparse matrix with DIAgonal storage)：对角线存储；

✍ dok_matrix(Ditictionary of Keys based sparse matrix)：基于键值对的存储；

✍ lil_matrix(Row-based linked list sparse matrix)：基于行的链表存储。

在这些存储格式中,COO 方式在构建矩阵时比较高效,而 CSC 和 CSR 方式在乘法运算时效率较高。

10.4.2 稀疏矩阵的运算

由于稀疏矩阵数据量大,一般不使用普通矩阵作为参数来构建,而是采用非零数据点及坐标的形式构建。

【例 10-16】 稀疏矩阵的基本运算。

```
In[16]:   import numpy as np
          from scipy import sparse
          sparse.coo_matrix((2,3))
          #创建空的稀疏矩阵
          A = sparse.coo_matrix([[1,2,0],[0,1,0],[2,0,0]])
          print(A)
          #将普通矩阵转为稀疏矩阵
          print(type(A))
          #查看 A 的类型
          print(type(A.tocsc()))
          #不同类型的稀疏矩阵可以相互转换
          v = np.array([1,3, -3])
          print(A * v)
Out[16]:    (0, 0)    1
            (0, 1)    2
            (1, 1)    1
            (2, 0)    2
          < class 'SciPy.sparse.coo.coo_matrix'>
          < class 'SciPy.sparse.csc.csc_matrix'>
          [7 3 2]
```

【例 10-17】 稀疏矩阵的构建。

```
In[17]:   data = [1,2,3,4]
          rows = [0,0,1,2]
          cols = [0,1,2,2]
          W = sparse.coo_matrix((data,(rows,cols)))
          print('稀疏矩阵 W:\n',W)
          r,c,d = sparse.find(W)
          #find()函数返回非零元素的行、列和具体数值
          print('稀疏矩阵 W 非零值:\n',r,c,d)
Out[17]:  稀疏矩阵 W:
            (0, 0)    1
            (0, 1)    2
```

```
(0, 2)    3
(0, 3)    4
```
稀疏矩阵 W 非零值：
`[0 0 0 0] [0 1 2 3] [1 2 3 4]`

视频讲解

10.5　SciPy 中的图像处理

SciPy 提供了一些基本的图像处理功能，特别是子模块 Scipy. ndimage 提供了在 n 维 Numpy 数组上操作的函数，可以方便地处理图像。当然，如果专业做图像处理，还是建议使用 OpenCV。

10.5.1　图像平滑

图像平滑是指用于突出图像的低频成分、主干部分或抑制图像噪声和干扰高频成分，使图像亮度平缓渐变，减小突变梯度，改善图像质量的图像处理方法。图像平滑的方法包括插值方法、线性平滑方法和卷积法等。

【例 10-18】　使用 ndimage. median_filter 实现中值滤波。

```
In[18]:    import numpy as np
           from scipy import ndimage
           from scipy import misc
           import matplotlib.pyplot as plt
           % matplotlib inline
           image = misc.ascent()
           aa = plt.subplot(1,3,1)
           plt.title("title")
           plt.imshow(image)
           plt.axis('off')
           plt.subplot(1,3,2)
           plt.title("medi_filter")
           filter = ndimage.median_filter(image,size = 10)
           #使用 SciPy 的中值滤波处理图片
           plt.imshow(filter)
           plt.axis('off')
           plt.subplot(1,3,3)
           plt.title("gausfilter")
           blurred_face = ndimage.gaussian_filter(image, sigma = 7)     #高斯滤波
           plt.imshow(blurred_face)
           plt.axis('off')
Out[18]:
```

10.5.2　图像旋转和锐化

图像旋转是指图像以某一点为中心旋转一定的角度,形成一幅新的图像的过程。图像锐化就是补偿图像的轮廓,增强图像的边缘及灰度跳变的部分,使图像变得清晰。图像锐化处理的目的是为了使图像的边缘、轮廓线以及图像的细节变得清晰。经过平滑处理的图像变得模糊的根本原因是因为图像受到了平均或积分运算的影响,因此可以对其进行逆运算(如微分运算),就可以使图像变得清晰。从频域来考虑,图像模糊的实质是因为其高频分量被衰减,因此可以用高通滤波器来使图像清晰。

【例 10-19】　图像的旋转和锐化。

```
In[19]:    image = misc.ascent()    #显示全部图片
           plt.subplot(131)
           plt.title("title")
           plt.imshow(image)
           plt.axis('off')
           plt.subplot(132)
           rotate = ndimage.rotate(image,60)
           plt.title("rotate")
           plt.imshow(rotate)
           plt.axis('off')                #边缘检测
           plt.subplot(133)
           prewitt = ndimage.prewitt(image)
           plt.title("prewitt")
           plt.imshow(prewitt)
           plt.axis('off')
Out[19]:
```

10.6　本章小结

本章介绍了 SciPy 的基础内容,主要包括 SciPy 中的常数和特殊函数、线性代数运算、优化、稀疏矩阵处理及简单的图像处理等内容。

本章实训

本实训对图像数据进行 SVD 分解后,分别选取部分特征值进行图像重构并显示图像。

1. 打开图像并显示

```
In[1]:      from PIL import Image
            import matplotlib.pyplot as plt
            import numpy as np
            im = np.array(Image.open('D:/dataset/lena.tif'))
            #打开图像数据并转换为数组
            plt.imshow(im,cmap = 'Greys_r')
            plt.title("src")
            plt.axis('off')
Out[1]:     (-0.5, 255.5, 255.5, -0.5)
```

2. 对图像数据进行 SVD 变换

```
In[2]:      U,sigma,VT = np.linalg.svd(im)
            print('前 30 个特征值为:\n',sigma[:30])
Out[2]:     前 30 个特征值为:
            [27694.68494116 5207.27190944 4027.03141792 3165.54079102
             2860.37071833 2675.42510476 2273.89520339 1960.91500669
             1654.62210629 1523.0584815 1283.09844286 1200.28544738
             1161.05613984 1122.85170313 1048.64592274 1008.77443903
             1004.48979864 870.35091902 812.57181208 785.34848674
              773.10156656 759.06671675 672.86550734 627.61749273
              614.95552466 591.3724665 563.31311616 548.07685967
              533.25045943 505.33871286]
```

可以看出,特征值从大到小依次排列,而且数据值相差很大。

3. 分别使用 30 个特征值和 120 个特征值重构图像

```
In[3]:      c = 30
            r1 = (U[:,:c]).dot(diag(sigma[:c])).dot(VT[:c,:])
            c = 120
            r2 = (U[:,:c]).dot(diag(sigma[:c])).dot(VT[:c,:])
            plt.subplot(1,2,1)
            plt.imshow(r1.astype(np.uint8),cmap = 'Greys_r')
            plt.title("nums_sigma = 30")
```

```
    plt.axis('off')
    plt.subplot(1,2,2)
    plt.imshow(r2.astype(np.uint8),cmap = 'Greys_r')
    plt.title("nums_sigma = 120")
    plt.axis('off')
```
Out[3]:   (-0.5, 255.5, 255.5, -0.5)

　　从重构图可以看出，仅用前 30 个特征值重构图像失真较大，用 120 个特征值重构的图像，已经基本上看不出与原图片有多大的差别。

第 11 章

统计与机器学习

Scikit-learn 简称为 SKlearn，是一组简单有效的工具集，依赖于 Python 的 NumPy、SciPy 和 matplotlib 库。它提供了估计机器学习统计模型的功能，包括回归、降维、分类和聚类模型等功能，见表 11-1。

表 11-1　Scikit-learn 常用功能

内　　容	应　　用	算　　法
回归（Regression）	价格预测、趋势预测等	线性回归、SVR 等
降维（Dimension Reduction）	可视化	PCA、NMF 等
分类（Classification）	异常检测、图像识别等	KNN、SVM 等
聚类（Clustering）	图像分割、群体划分等	K-means、谱聚类等

在机器学习过程中，需要使用各种各样的数据集，因此 Scikit-learn 框架提供了一些常用的数据集，见表 11-2。

表 11-2　Scikit-learn 提供的常用数据集

数据集名称	调用方式	数据描述
鸢尾花数据集	Load_iris()	用于多分类任务的数据集
波士顿房价数据集	Load_boston()	用于回归任务的经典数据集
乳腺癌数据集	Load_breast_cancer()	用于二分类任务的数据集
体能训练数据集	Load_linnerud()	用于多变量回归任务的数据集

视频讲解

11.1　Scikit-learn 的主要功能

　　Scikit-learn 的功能主要分为六大部分：分类、回归、聚类、数据降维、模型选择和数据预处理。

1. 分类

　　分类是对给定对象指定所属类别。分类属于监督学习，常用于垃圾邮件检测、图像识别等场景中。常用的分类算法有支持向量机（Support Vector Machine，SVM）、K-最邻近算法（K-Nearest Neighbor，KNN）、逻辑回归（Logistic Regression，LR）、随机森林（Random Forest，RF）及决策树（Decision Tree）等。

2. 回归

　　回归分析是一项预测性的建模技术。它的目的是通过建立模型研究因变量和自变量之间的显著关系，即多个自变量对因变量的影响强度，预测数值型的目标值。回归分析在管理、经济、社会学、医学、生物学等领域得到广泛应用。常用的回归方法主要有支持向量回归（Support Vector Regression，SVR）、脊回归（Ridge Regression）、Lasso 回归（Lasso Regression）、弹性网络（Elastic Net）、最小角回归（Least Angle Regression，LARS）及贝叶斯回归（Bayesian Regression）等。

3. 聚类

　　聚类是自动识别具有相似属性的给定对象，并将其分组为集合。聚类属于无监督学习，常用于顾客细分、实验结果分组等场景中。主要的聚类方法有 K-均值聚类（K-means）、谱聚类（Spectral Clustring）、均值偏移（Mean Shift）、分层聚类和基于密度的聚类（Density-based Spatial Clustering of Applications with Noise，DBSCAN）等。

4. 数据降维

　　数据降维是用来减少随机数量个数的方法，常用于可视化处理、效率提升的应用场景中。主要的降维技术有主成分分析（Principal Component Analysis，PCA）、非负矩阵分解（Non-negative Matrix Factorization，NMF）等。

5. 模型选择

　　模型选择是对给定参数和模型的比较、验证和选择的方法。模型选择的目的是通过参数调整来提升精度。已实现的模块包括格点搜索、交叉验证和各种针对预测误差评估的度量函数。

6. 数据预处理

　　现实世界的数据极易受噪声、缺失值和不一致数据的侵扰，因为数据库太大且多半来自于多个数据源。低质量的数据会导致低质量的数据分析与挖掘结果。数据预处理是提高数据质量的有效方法,主要包括数据清理(清除数据噪声并纠正不一致)、数据集成(将多个数据源合并成一致数据存储)、数据规约(通过聚集、删除冗余特征或聚类等方法降低数据规模)和数据变换(数据规范化)。

11.2　分类

分类是一种重要的数据分析形式,它提取刻画重要数据类的模型。数据分类也被称为监督学习,包括学习阶段(构建分类模型)和分类阶段(使用模型预测给定数据的类标号)两个阶段。数据分类方法主要有决策树规约、K-近邻分类、支持向量机、朴素贝叶斯分类等方法。

11.2.1　决策树规约

1. 算法原理

视频讲解

决策树方法在分类、预测、规则提取等领域有广泛应用。在 20 世纪 70 年代后期和 80 年代初期,机器学习研究人员 J. Ross Quinlan 开发了决策树算法,称为迭代的二分器(Iterative Dichotomiser,ID3),使得决策树在机器学习领域得到极大发展。Quinlan 后来又提出 ID3 的后继 C4.5 算法,成为新的监督学习算法的性能比较基准。1984 年几位统计学家提出了 CART 分类算法。

决策树是树状结构,它的每个叶结点对应着一个分类,非叶结点对应着在某个属性上的划分,根据样本在该属性上的不同取值将其划分为若干子集。构造决策树的核心问题是在每一步如何选择恰当的属性对样本做拆分。ID3 使用信息增益作为属性选择度量,C4.5 使用增益率进行属性选择度量,CART 使用基尼指数。

2. ID3 算法

输入:训练元组和它们对应的类标号

输出:决策树

方法:

(1)对当前样本集合,计算所有属性的信息增益。

(2)选择信息增益最大的属性作为测试属性,把测试属性取值相同的样本划分为同一个样本集。

(3)若子样本集的类别属性只含有单个属性,则分支为叶子结点,判断其属性值并标记相应的标号后返回调用处,否则对子样本集递归调用本算法。

---

3. 算法示例

【例 11-1】　使用决策树算法对 Iris 数据构建决策树。

```
In[1]:    from sklearn.datasets import load_iris
          import pandas as pd
```

```
from sklearn import tree
from sklearn.tree import export_graphviz
import graphviz
iris = load_iris()
clf = tree.DecisionTreeClassifier()
clf = clf.fit(iris.data, iris.target)
dot_file = 'tree.dot'
tree.export_graphviz(clf, out_file = dot_file)
with open("D:\\tree.dot", 'w') as f:
    f = export_graphviz(clf, out_file = f,feature_names = ['SL','SW','PL','PW'])
```

代码运行输出 tree.dot 文本文件。为了进一步将它转换为可视化格式，需要安装 Graphviz 绘图工具，然后直接打开 tree.dot 文件显示并保存为 png 文件，或者在命令行中以如下方式编译为 pdf 或 png 文件。

```
dot - Tpdf tree.dot - o tree.pdf
dot - Tpng tree.dot - o tree.png
```

生成的决策树如图 11-1 所示。

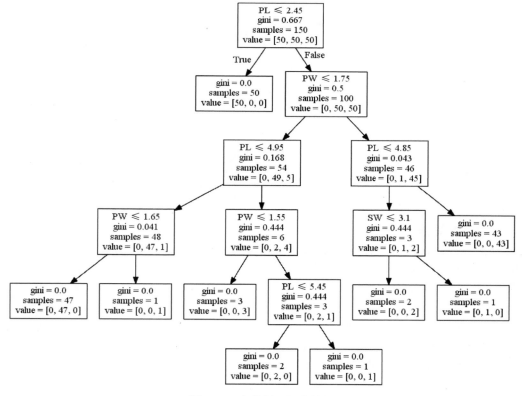

图 11-1　决策树可视化效果

11.2.2 KNN算法

1. 算法原理

视频讲解

K-近邻分类(K-Nearest Neighbor Classification,KNN)算法根据距离函数计算待分类样本 x 和每个训练样本的距离(作为相似度),选择与待分类样本距离最小的 K 个样本作为 x 的 K 个最近邻,最后以 x 的 K 个最近邻中的大多数样本所属的类别作为 x 的类别。

如图 11-2 所示,有方块和三角形两类数据,它们分布在二维特征空间中。假设有一个新数据(圆点)需要预测其所属的类别,根据"物以类聚"原理,可以找到离圆点最近的几个点,以它们中的大多数点的类别决定新数据所属的类别。如果 K=3,由于圆点近邻的 3 个样本中,三角形占比 2/3,则认为新数据属于三角形类别。同理,K=5,则新数据属于正方形类别。

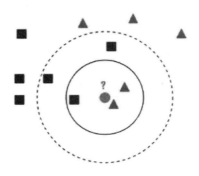

图 11-2   KNN算法例子

如何度量样本之间的距离(或相似度)是 KNN 算法的关键步骤之一。常见的相似度度量方法包括闵可夫斯基距离(当参数 p=2 时为欧几里得距离,参数 p=1 时为曼哈顿距离)、余弦相似度、皮尔逊相似系数、汉明距离、杰卡德相似系数等。

2. KNN算法

输入：簇的数目 K 和包含 n 个对象的数据库

输出：K 个簇,使平方误差最小

方法：

(1) 初始化距离为最大值。

(2) 计算测试样本和每个训练样本的距离 dist。

(3) 得到目前 K 个最近邻样本中的最大距离 maxdist。

(4) 如果 dist 小于 maxdist,则将该训练样本作为 K 最近邻样本。

(5) 重复步骤(2)~(4),直到测试样本和所有训练样本的距离都计算完毕。

(6) 统计 K 个最近邻样本中每个类别出现的次数。

(7) 选择出现频率最高的类别作为测试样本的类别。

---

3. 算法示例

【例 11-2】 使用 KNN 对 iris 数据集分类。

```
In[2]:    import numpy as np
          import matplotlib.pyplot as plt
          from matplotlib.colors import ListedColormap
          from sklearn.neighbors import KNeighborsClassifier
          from sklearn.datasets import load_iris
          iris = load_iris()
          X = iris.data[:,:2]
          Y = iris.target
          print(iris.feature_names)
          cmap_light = ListedColormap(['#FFAAAA','#AAFFAA','#AAAAFF'])
          cmap_bold = ListedColormap(['#FF0000','#00FF00','#0000FF'])
          clf = KNeighborsClassifier(n_neighbors = 10,weights = 'uniform')
          clf.fit(X,Y)
          # 画出决策边界
          x_min,x_max = X[:,0].min() - 1,X[:,0].max() + 1
          y_min,y_max = X[:,1].min() - 1,X[:,1].max() + 1
          xx,yy = np.meshgrid(np.arange(x_min,x_max,0.02),
          np.arange(y_min,y_max,0.02))
          Z = clf.predict(np.c_[xx.ravel(),yy.ravel()]).reshape(xx.shape)
          plt.figure()
          plt.pcolormesh(xx,yy,Z,cmap = cmap_light)
          # 绘制预测结果图
          plt.scatter(X[:,0],X[:,1],c = Y,cmap = cmap_bold)
          plt.xlim(xx.min(),xx.max())
          plt.ylim(yy.min(),yy.max())
          plt.title('3_Class(k = 10,weights = uniform)')
          plt.show()
Out[2]:   ['sepal length (cm)', 'sepal width (cm)', 'petal length (cm)',
          'petal width (cm)']
```

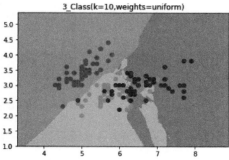

11.2.3 支持向量机

1. 算法原理

支持向量机(Support Vector Machine,SVM)是一种对线性和非线

视频讲解

性数据进行分类的方法。SVM使用一种非线性映射,把原始训练数据映射到较高的维上,在新的维上,搜索最佳分离超平面。SVM可分为三类:线性可分(linear SVM in linearly separable case)的线性SVM、线性不可分的线性SVM、非线性(nonlinear)SVM。SVM可以用于数值预测和分类。对于数据非线性可分的情况,通过扩展线性SVM的方法,得到非线性的SVM,即采用非线性映射把输入数据变换到较高维空间,在新的空间搜索分离超平面。

2. 算法

SVM的主要目标是找到最佳超平面,以便在不同类的数据点之间进行正确分类。超平面的维度等于输入特征的数量减去1。图11-3显示了分类的最佳超平面和支持向量(实心的数据样本)。

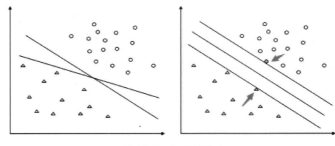

图11-3　SVM图示

3. 算法示例

【例11-3】　使用SVM对iris数据集分类。

```
In[3]:   import numpy as np
         from sklearn import svm
         from sklearn import datasets
         from sklearn import metrics
         from sklearn import model_selection
         import matplotlib.pyplot as plt
         iris = datasets.load_iris()
         x, y = iris.data, iris.target
         x_train, x_test, y_train, y_test = model_selection.train_test_split(x, y,
         random_state = 1, test_size = 0.2)
         classifier = svm.SVC(kernel = 'linear',gamma = 0.1,decision_function_shape = 'ovo',
         C = 0.1)
         classifier.fit(x_train, y_train.ravel())
         print("SVM-输出训练集的准确率为:", classifier.score(x_train, y_train))
         print("SVM-输出测试集的准确率为:", classifier.score(x_test, y_test))
         y_hat = classifier.predict(x_test)
         classreport = metrics.classification_report(y_test,y_hat)
         print(classreport)
Out[3]:  SVM-输出训练集的准确率为: 0.975
```

SVM-输出测试集的准确率为: 0.9666666666666667

	precision	recall	f1-score	support
0	1.00	1.00	1.00	11
1	1.00	0.92	0.96	13
2	0.86	1.00	0.92	6
avg/total	0.97	0.97	0.97	30

11.2.4　朴素贝叶斯分类

1. 算法原理

视频讲解

贝叶斯分类是一类分类算法的总称,这类算法均以贝叶斯定理 (Bayes theorem)为基础,采用了概率推理方法。贝叶斯分类的原理是 通过计算给定样本在各个类别上的后验概率,把该样本判定为最大后验概率所对应的类 别。朴素贝叶斯分类是贝叶斯分类的一种,相对于贝叶斯分类,它假定所有的条件属性 在类条件已知的情况下是完全相互独立的,这就极大地降低了条件概率计算的复杂性。

2. 算法

给定一个分类标签 y 和自由特征变量 $x_1, x_2, \cdots, x_n$,$x_i = 1$ 表示样本具有特征 i,而 $x_i = 0$ 表示样本不具有特征 i。如果要知道具有特征 $1 \sim n$ 的向量是否属于分类标签 y_k, 可以使用贝叶斯公式,如式(11.1)所示。

$$P(y_k \mid x_1, x_2, \cdots, x_n) = \frac{P(y_k)P(x_1, x_2, \cdots, x_n \mid y_k)}{P(x_1, x_2, \cdots, x_n)} \tag{11.1}$$

朴素贝叶斯分类器假定一个属性值在给定类上的影响独立于其他属性的值,即具有 "类条件独立性",则

$$P(x_1, x_2, \cdots, x_n \mid y_k) = \prod_{i=1}^{n} P(x_i \mid y_k) \tag{11.2}$$

由于 $P(x_1, x_2, \cdots, x_n)$ 已定,因此比较 $P(y_1 \mid x_1, x_2, \cdots, x_n)$ 和 $P(y_2 \mid x_1, x_2, \cdots, x_n)$ 时 与比较 $P(y_1)P(x_1, x_2, \cdots, x_n \mid y_1)$ 和 $P(y_2)P(x_1, x_2, \cdots, x_n \mid y_2)$ 等价。假设共有 m 种标签,只 需计算 $P(y_k)P(x_1, x_2, \cdots, x_n \mid y_k)$,$k = 1, 2, \cdots, m$,取最大值作为预测的分类标签,即

$$\hat{y} = \underset{k}{\mathrm{argmax}} P(y) \prod_{i=1}^{n} P(x_i \mid y_k) \tag{11.3}$$

3. 算法示例

【例 11-4】　对 iris 数据集进行朴素贝叶斯分类。

Scikit-learn 模块中有 Naïve Bayes 子模块,包含了各种贝叶斯算法。利用贝叶斯分 类器时首先设置分类器,然后利用训练样本进行训练和分类。

```
In[4]:    from sklearn.datasets import load_iris
          from sklearn.naive_bayes import GaussianNB
          iris = load_iris()
```

```
clf = GaussianNB()                              # 设置分类器
clf.fit(iris.data, iris.target)                 # 训练分类器
y_pred = clf.predict(iris.data)                 # 预测
print("Number of mislabeled points out of % d points: % d" % (iris.data.shape[0],
(iris.target!= y_pred).sum()))
Out[4]:   Number of mislabeled points out of 150 points:6
```

11.3 聚类

视频讲解

11.3.1 K-Means 聚类

聚类是指将物理或抽象对象的集合分成由类似对象组成的多个子集的过程。每个子集是一个簇,使得簇中的对象彼此相似,但与其他簇中的对象尽量不同。聚类源于很多领域,包含数学,计算机科学、统计学等。常用的聚类方法有划分方法、层次方法和基于密度的方法等。

1. 算法原理

给定一个含 n 个对象或元组的数据库,使用一个划分方法构建数据的 K 个划分,每个划分表示一个簇,K≤n,而且满足:

(1) 每个组至少包含一个对象。

(2) 每个对象属于且仅属于一个组。

划分时要求同一个聚类中的对象尽可能地接近或相关,不同聚类中的对象尽可能地远离或不同。

一般来说,簇的表示有两种方法:

(1) K-均值算法,由簇的平均值来代表整个簇。

(2) K-中心点算法,由处于簇的中心区域的某个值代表整个簇。

2. K-Means 算法

输入:簇的数目 K 和包含 n 个对象的数据库

输出:K 个簇,使平方误差最小

方法:

(1) 随机选择 K 个对象,每个对象代表一个簇的初始均值或中心。

(2) 对剩余的每个对象,根据它与簇均值的距离,将它指派到最相似的簇。

(3) 计算每个簇的新均值。

(4) 回到步骤(2),循环,直到不再发生变化。

用于划分的 K-Means 算法,其中每个簇的中心都用簇中所有对象的均值来表示。

3. 算法示例

【例 11-5】 使用 sklearn 实现 iris 数据 K-Means 聚类。

```
In[5]:    from sklearn.datasets import load_iris
          from sklearn.cluster import KMeans
          iris = load_iris()
          # 加载数据集
          X = iris.data
          estimator = KMeans(n_clusters = 3)
          # 构造 K-Means 聚类模型
          estimator.fit(X)
          # 对数据进行聚类
          label_pred = estimator.labels_
          # 获取聚类标签
          print(label_pred)
          # 显示各个样本所属的类别标签
Out[5]:   [1 1 1 1 1 1 1 1 1 1 1 1 1 1 1 1 1 1 1 1 1 1 1 1 1 1 1 1 1 1 1 1 1 1 1 1 1 1 1 1
          1 1 1 1 0 0 2 0 0 0 0 0 0 0 0 0 0 0 0 0 0 0 0 0 0 0 0 0 0 0 0 0 2 0 0 0 0 0 0 0
          0 0 0 0 0 0 0 0 0 2 0 2 2 2 2 0 2 2 2  2 2 0 0 2 2 2 2 2 0 2 0 2 0 2 2 0 0 2 2 2 2 2 0 2
          2 2 0 2 2 2 0 2 2 2 0  2 0]
```

11.3.2 层次聚类

1. 算法原理

层次聚类(Hierarchical Clustering)是按照某种方法进行层次分类，直到满足某种条件为止。层次聚类主要分为两类。

视频讲解

（1）凝聚：从下到上。首先将每个对象作为一个簇，然后合并这些原子簇为越来越大的簇，直到所有的对象都在一个簇中，或者满足某个终结条件。

（2）分裂：从上到下。首先将所有对象置于同一个簇中，然后逐渐细分为越来越小的簇，直到每个对象自成一簇，或者达到了某个终止条件。

2. 层次聚类算法

输入：样本数据
输出：层次聚类结果
方法：
    （1）将每个对象归为一类，共得到 N 类，每类仅包含一个对象。类与类之间的距离就是它们所包含的对象之间的距离。
    （2）找到最接近的两个类并合并成一类，于是总的类数少了一个。
    （3）重新计算新的类与所有旧类之间的距离。
    （4）重复步骤（2）和步骤（3），直到最后合并成一个类为止。

---

3. 层次聚类 Python 实现

Python 中层次聚类的函数是 AgglomerativeClustering()，最重要的参数有 3 个：n_clusters 为聚类数目；affinity 为样本距离定义；linkage 是类间距离的定义，它有 3 种取值。

(1) ward：组间距离等于两类对象之间的最小距离。

(2) average：组间距离等于两组对象之间的平均距离。

(3) complete：组间距离等于两组对象之间的最大距离。

【例 11-6】 Python 层次聚类实现。

```
In[6]:    from sklearn.datasets.samples_generator import make_blobs
          from sklearn.cluster import AgglomerativeClustering
          import numpy as np
          import matplotlib.pyplot as plt
          from itertools import cycle              # Python 自带的迭代器模块
          # 产生随机数据的中心
          centers = [[1, 1], [-1, -1], [1, -1]]
          # 产生的数据个数
          n_samples = 3000
          # 生产数据
          X, lables_true = make_blobs(n_samples = n_samples, centers = centers, cluster_
          std = 0.6, random_state = 0)
          # 设置分层聚类函数
          linkages = ['ward', 'average', 'complete']
          n_clusters_ = 3
          ac = AgglomerativeClustering(linkage = linkages[2], n_clusters = n_clusters_)
          # 训练数据
          ac.fit(X)
          # 每个数据的分类
          labels = ac.labels_
          plt.figure(1)                           # 绘图
          plt.clf()
          colors = cycle('bgrcmykbgrcmykbgrcmykbgrcmyk')
          for k, col in zip(range(n_clusters_), colors):
              # 根据 labels 中的值是否等于 k,重新组成一个 True、False 的数组
              my_members = labels == k
              # X[my_members, 0]取出 my_members 对应位置为 True 的值的横坐标
              plt.plot(X[my_members, 0], X[my_members, 1], col + '.')
          plt.title('Estimated number of clusters: % d' % n_clusters_)
          plt.show()
```

Out[6]:

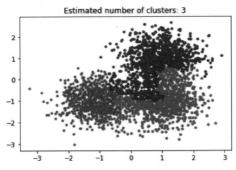

11.3.3　基于密度的聚类

1. 算法原理

视频讲解

基于密度的聚类算法的主要思想是：只要邻近区域的密度（对象或数据点的数目）超过某个阈值，就把它加到与之相近的聚类中。也就是说，对给定类中的每个数据点，在一个给定范围的区域中必须至少包含某个数目的点。

基于密度的聚类算法主要有 DBSCAN 算法、OPTICS 算法及 DENCLUE 算法等。DBSCAN 算法涉及两个参数 5 个定义。

（1）两个参数：

✍ Eps：邻域最大半径；

✍ MinPts：在 Eps 邻域中的最少点数。

（2）5 个定义见表 11-3。

表 11-3　DBSCAN 算法相关的定义及其内容

定　义	内　容
Eps 邻域	给定一个对象 p，p 的 Eps 邻域 $N_{Eps}(p)$ 定义为以 p 为核心，以 Eps 为半径的 d 维超球体区域
核心点	对于对象 $p \in D$，给定一个整数 MinPts，如果 p 的 Eps 邻域内的对象数满足 $|N_{Eps}(p)| \geqslant MinPts$，则称 p 为（Eps，MinPts）条件下的核心点
边界点	不是核心点但落在某个核心点的 Eps 邻域内的对象称为边界点
直接密度可达	给定（Eps，MinPts），如果对象 p 和 q 同时满足如下条件：$p \in N_{Eps}(q)$；$|N_{Eps}(q)| \geqslant MinPts$（即 q 是核心点），则称对象 p 是从对象 q 出发，直接密度可达的
密度可达	给定数据集 D，当存在一个对象链 $p_1, p_2, p_3, \cdots, p_n$，其中 $p_1 = q, p_N = p$，对于 $p_i \in D$，如果在条件（Eps，MinPts）下 p_{i+1} 从 p_i 直接密度可达，则称对象 p 从对象 q 在条件（Eps，MinPts）下密度可达
密度相连	如果数据集 D 中存在一个对象 O，使得对象 p 和 q 是从 O 在（Eps，MinPts）条件下密度可达的，那么称对象 p 和 q 在（Eps，MinPts）条件下密度相连

可以发现，密度可达是直接密度可达的传递闭包，并且这种关系是非对称的。只有核心对象之间相互密度可达。DBSCAN 算法的目的是找到所有的相互密度相连对象的最大集合。

2. DBSCAN 算法

输入：Eps、MinPts 和包含 n 个对象的数据库

输出：基于密度的聚类结果

方法：

（1）任意选取一个没有加簇标签的点 p。

（2）得到所有从 p 关于 Eps 和 MinPts 密度可达的点。

（3）如果 p 是一个核心点，形成一个新的簇，给簇内所有对象点加簇标签。

（4）如果 p 是一个边界点，没有从 p 密度可达的点，DBSCAN 将访问数据库中的
下一个点。

（5）继续这一过程，直到数据库中所有的点都被处理。

【例 11-7】 DBSCAN 算法实现。

```
In[7]:    from sklearn import datasets
          import numpy as np
          import random
          import matplotlib.pyplot as plt
          def findNeighbor(j,X,eps):
              N = []
              for p in range(X.shape[0]):                    # 找到所有邻域内对象
                  temp = np.sqrt(np.sum(np.square(X[j] - X[p])))      # 欧氏距离
                  if(temp < = eps):
                      N.append(p)
              return N
          def dbscan(X,eps,min_Pts):
              k = -1
              NeighborPts = []                               # array,某点领域内的对象
              Ner_NeighborPts = []
              fil = []                                       # 初始时已访问对象列表为空
              gama = [x for x in range(len(X))]              # 初始时将所有点标记为未访问
              cluster = [-1 for y in range(len(X))]
              while len(gama)> 0:
                  j = random.choice(gama)
                  gama.remove(j)                             # 从未访问列表中移除
                  fil.append(j)                              # 添加到访问列表
                  NeighborPts = findNeighbor(j,X,eps)
                  if len(NeighborPts) < min_Pts:
                      cluster[j] = -1                        # 标记为噪声点
                  else:
                      k = k + 1
                      cluster[j] = k
                      for i in NeighborPts:
                          if i not in fil:
                              gama.remove(i)
                              fil.append(i)
                              Ner_NeighborPts = findNeighbor(i,X,eps)
                              if len(Ner_NeighborPts) > = min_Pts:
                                  for a in Ner_NeighborPts:
                                      if a not in NeighborPts:
                                          NeighborPts.append(a)
                          if (cluster[i] == -1):
                              cluster[i] = k
              return cluster
          X1, y1 = datasets.make_circles(n_samples = 1000, factor = .6, noise = .05)
```

```
X2, y2 = datasets.make_blobs(n_samples = 300, n_features = 2, centers =
[[1.2,1.2]], cluster_std = [[.1]],random_state = 9)
X = np.concatenate((X1, X2))
eps = 0.08
min_Pts = 10
C = dbscan(X,eps,min_Pts)
plt.figure(figsize = (12, 9), dpi = 80)
plt.scatter(X[:,0],X[:,1],c = C)
plt.show()
```
Out[7]:

11.4 主成分分析

1. 算法原理

主成分分析(Principal Component Analysis,PCA)是一种使用线性映射来进行数据降维的方法,同时去除数据的相关性,以最大限度保持原始数据的方差信息。PCA 顾名思义,就是找出数据里最主要的方面来代替原始数据。具体地,假如我们的数据集是 n 维的,共有 m 个数据(x(1),x(2),…,x(m))(x(1),x(2),…,x(m))。我们希望将这 m 个数据的维度从 n 维降到 n'维,希望这 m 个 n'维的数据集尽可能地代表原始数据集。PCA 通常用于高维数据集的探索与可视化,还可以用作数据压缩和预处理等。

2. PCA 算法

输入:n 维样本集 D = (x(1),x(2),…,x(m)),要降维到的维数 n'
输出:降维后的样本集 D'
方法:

(1) 对所有的样本进行中心化:$x(i) = x(i)-1/m\sum_{j=1}^{m}x(j)$。

（2）计算样本的协方差矩阵 XX^T。

（3）对矩阵 XX^T 进行特征值分解。

（4）取出最大的 n'个特征值对应的特征向量$(w1,w2,\dots,wn')$，将所有的特征向量标准化后，组成特征向量矩阵 W。

（5）对样本集中的每一个样本 x(i)，转化为新的样本 $z(i)=W^T x(i)$。

（6）得到输出样本集 $D'=(z(1),z(2),\cdots,z(m))$。

【例 11-8】 使用 sklearn 实现鸢尾花数据降维，将原来 4 维的数据降维为 2 维。

```
In[8]:    import matplotlib.pyplot as plt
          from sklearn.decomposition import PCA
          from sklearn.datasets import load_iris
          data = load_iris()
          y = data.target
          x = data.data
          pca = PCA(n_components = 2)
          #加载 PCA 算法,设置降维后主成分数目为 2
          reduced_x = pca.fit_transform(x)          #对样本进行降维
          reduced_x
Out[8]:   array([[-2.68420713,  0.32660731],
                 [-2.71539062, -0.16955685],
                 [-2.88981954, -0.13734561],
                 [-2.7464372 , -0.31112432],
                 [-2.72859298,  0.33392456],
                 [-2.27989736,  0.74778271],
                 [-2.82089068, -0.08210451],
                 [-2.62648199,  0.17040535],
                 [-2.88795857, -0.57079803],
                 [-2.67384469, -0.1066917 ],
                 [-2.50652679,  0.65193501],
                 [-2.61314272,  0.02152063],
                 [-2.78743398, -0.22774019],
```

在平面中画出降维后的样本点的分布：

```
In[9]:    red_x,red_y = [],[]
          blue_x,blue_y = [],[]
          green_x,green_y = [],[]
          for i in range(len(reduced_x)):
              if y[i] ==0:
                  red_x.append(reduced_x[i][0])
                  red_y.append(reduced_x[i][1])
              elif y[i] ==1:
                  blue_x.append(reduced_x[i][0])
                  blue_y.append(reduced_x[i][1])
```

```
            else:
                    green_x.append(reduced_x[i][0])
                    green_y.append(reduced_x[i][1])
        plt.scatter(red_x, red_y, c = 'r', marker = 'x')
        plt.scatter(blue_x, blue_y, c = 'b', marker = 'D')
        plt.scatter(green_x, green_y, c = 'g', marker = '.')
        plt.show()
```

Out[9]:

11.5 本章小结

本章主要介绍了 sklearn 库的基本功能,着重介绍了典型的分类、聚类算法以及主成分分析方法。

本章实训

本实训对一幅打开的彩色图像,使用 K-means 分析方法对像素进行聚类实现图像分割。

1. 导入需要的包

```
In[1]:    from sklearn.cluster import KMeans
          import matplotlib.pyplot as plt
          import numpy as np
          import pandas as pd
          from PIL import Image
          % matplotlib inline
```

2. 打开图像,导入图像数据

```
In[2]:    ima = Image.open('D:/image/lena.tif')
          ima = np.array(ima)
```

3. 图像数据分析与聚类分割

1）显示图像大小

```
In[3]:    [h,w,k] = ima.shape
          print(h,w,k)
Out[3]:   (256, 256, 3)
```

2）对图像像素进行 K-means 聚类并显示聚类后的标签

```
In[4]:    ima = ima.reshape( - 1, 3)
          estimator = KMeans(n_clusters = 2)
          estimator.fit(ima)
          res = estimator.predict(ima)
          print(res)
Out[4]:   [0 0 0... 1 1 1]
```

3）返回聚类中心

```
In[5]:    cen = estimator.cluster_centers_
          cen = np.uint8(cen)
          print(cen)
Out[5]:   [[213 133 123]
          [ 129  46 76]]
```

4）显示聚类分割后的图像

```
In[6]:    result = cen[res]
          print(result)
          result.shape
          result = result.reshape([h, w,3])
          plt.imshow(result[:,:,1],cmap = 'Greys_r')
Out[6]:
```

<matplotlib.image.AxesImage at 0x1879fe79208>

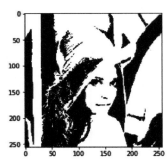

第 **12** 章

图像数据分析

12.1 OpenCV 简介与导入

12.1.1 OpenCV 简介

在计算机视觉项目的开发中,OpenCV 作为较大众的开源库,拥有丰富的常用图像处理函数库。它采用 C/C++语言编写,可以运行在 Linux、Windows、Mac 等操作系统上,能够快速地实现一些图像处理和识别的任务。此外,OpenCV 还提供了 Java、Python、cuda 等的使用接口和机器学习的基础算法调用,从而使得图像处理和图像分析变得更加易于理解和操作,从而让开发人员有更多精力进行算法的设计。

OpenCV 的主要应用领域有计算机视觉领域,如物体识别、图像分割、人脸识别、动作识别及运动跟踪等。

12.1.2 Python 中 OpenCV 的安装与导入

安装 OpenCV 的方式很简单,按常规的模块安装方法运行安装命令即可。安装命令和模块导入的常规格式如下:

```
pip install opencv - python
import cv2 as cv
```

12.2 cv2 图像处理基础

视频讲解

12.2.1 cv2 的基本方法与属性

OpenCV 提供了大量图像处理相关的方法,常用方法及其说明见表 12-1。

表 12-1 cv2 的常用方法及其说明

方法	参数说明
cv2.imread(文件名,属性)	读入图像,属性值有 IMREAD_COLOR、IMREAD_GRAYSCALE,分别表示读入彩色、灰度图像
cv2.imshow(窗口名,图像文件)	显示图像,彩色图像是 BGR 模式,使用 matplotlib 显示时需要转换为 RGB 模式
cv2.imwrite(filename,imgdata)	保存图像
cv2.waitKey()	键盘绑定函数,参数=0(或小于 0 的数):一直显示窗口直到在键盘上按下一个键为止,并返回按键对应的 ASCII 码值;参数>0:设置显示的时间单位为毫秒,超过这个指定时间则返回−1
cv2.namedWindow(窗口名,属性)	创建一个窗口,属性值有 WINDOW_AUTOSIZE、WINDOW_NORMAL,分别表示根据图像尺寸自动创建和窗口大小可调整
cv2.destroyAllWindows(窗口名)	删除建立的窗口

【**例 12-1**】 打开图像并显示,然后输入"Esc"退出,输入"S"时保存图像退出。

```
In[1]:    import numpy as np
          import cv2 as cv
          from matplotlib import pyplot as plt
          img = cv.imread('D:\image\lena.jpg',cv.IMREAD_GRAYSCALE)
          cv.imshow('Lean',img)
          k = cv.waitKey(0)
          if k == 27:                           #等待按 Esc 键退出
                cv.destroyAllWindows()
          elif k == ord('s'):                   #等待按 S 键保存图片并退出
                cv.imwrite('D:\image\newLena.jpg',img)
                cv.destroyAllWindows()
Out[1]:
```

图像打开后,使用其 shape 和 size 显示图像对象的尺寸和大小。

【例 12-2】 图像大小显示。

```
In[2]:     print(img.shape)
           print(img.size)
Out[2]:    (256, 256)
           65536
```

在处理图像时,可以将一些文字使用 putText 方法直接输出到图像中。

putText 格式:

cv2.putText(图片名,文字,坐标,字体,字体大小,文字颜色,字体粗细)

字体可以选择 FONT_HERSHEY_SIMPLEX、FONT_HERSHEY_SIMPLEX、FONT_HERSHEY_PLAIN 等。

【例 12-3】 图像的文本标注。

```
In[3]:     import cv2 as cv
           img = cv.imread('D:\image\lena.jpg',cv.IMREAD_GRAYSCALE)
           cv.namedWindow('Hello,Lena', cv.WINDOW_AUTOSIZE)
           w,h = img.shape
           x = w // 3                              #文本的 x 坐标
           y = h // 3                              #文本的 y 坐标
           cv.putText(img,'Hello,Lena!',(x,y),cv.FONT_HERSHEY_SIMPLEX,0.8,(255,0,0),1)
           cv.imshow('Lean', img)                  #显示图像
           cv.waitKey(0)
           cv.destroyAllWindows()
Out[3]:
```

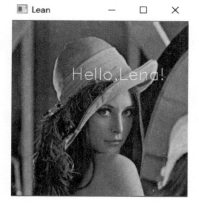

12.2.2　cv2 图像处理示例

图像常用处理有图像缩放、旋转、仿射变换和二值化等。

1. 图像缩放

实现缩放图片并保存,是使用 OpenCV 时常用的操作。cv2.resize()支持多种插值

算法,默认使用 cv2. INTER_LINEAR,缩小最适合使用 cv2. INTER_AREA,放大最适合使用 cv2. INTER_CUBIC 或 cv2. INTER_LINEAR。

【例 12-4】　图像缩放。

```
In[4]:    import cv2 as cv
          import matplotlib.pyplot as plt
          img = cv.imread('D:\image\lena.jpg', cv.IMREAD_COLOR)
          width,height,channel = img.shape
          b,g,r = cv.split(img)
          src = cv.merge([r, g, b])
          res = cv.resize(src,(2 * width,2 * height),interpolation = cv.INTER_CUBIC)
          plt.subplot(121)
          plt.imshow(src)
          plt.axis('off')
          plt.subplot(122)
          plt.imshow(res)
          plt.axis('off')
          cv.waitKey(0)
          cv.destroyAllWindows()
Out[4]:
```

2. 图像旋转

OpenCV 中首先需要构造一个旋转矩阵,可以通过 cv2. getRotationMatrix2D 获得。getRotationMatrix2D 格式:

```
M = cv2.getRotationMatrix2D((cols/2,rows/2),45,0.6)
```

其中,第一个参数为旋转中心,第二个参数为旋转角度,第三个参数为旋转后的缩放因子。

【例 12-5】　图像旋转。

```
In[5]:    img = cv.imread('D:\image\lena.jpg',cv.IMREAD_COLOR)
          rows,cols,ch = img.shape
          b,g,r = cv.split(img)
          src = cv.merge([r, g, b])
          M = cv.getRotationMatrix2D((cols/2,rows/2),45,1)
          dst = cv.warpAffine(src,M,(cols,rows))
          plt.subplot(121)
          plt.imshow(src)
          plt.axis('off')
          plt.subplot(122)
```

```
        plt.imshow(dst)
        plt.axis('off')
Out[5]:
```

3. 图像仿射变换

在图像仿射变换中,原图中所有的平行线在结果图像中同样平行。为了创建偏移矩阵,需要在原图像中找到 3 个点以及它们在输出图像中的位置。在 OpenCV 中提供了 cv2.getAffineTransform 创建 2×3 的矩阵,最后将矩阵传给函数 cv2.warpAffine。

【例 12-6】 图像的仿射变换。

```
In[6]:  img = cv.imread('D:\image\lena.jpg', cv.IMREAD_COLOR)
        rows,cols,ch = img.shape
        b,g,r = cv.split(img)
        img = cv.merge([r, g, b])
        pts1 = np.float32([[50,50],[200,50],[50,200]])
        pts2 = np.float32([[10,100],[200,50],[100,250]])
        M = cv.getAffineTransform(pts1,pts2)
        dst = cv.warpAffine(img,M,(cols,rows))
        plt.subplot(121),plt.imshow(img),plt.title('Input')
        plt.axis('off')
        plt.subplot(122),plt.imshow(dst),plt.title('Output')
        plt.show()
        plt.axis('off')
Out[6]:
```

4. 图像二值化

图像二值化就是将图像上的像素点的灰度值设置为 0 或 255,也就是将整个图像呈现出明显的黑白效果。图像的二值化有利于图像的进一步处理,使图像变得简单,而且数据量减小,能凸显出感兴趣目标的轮廓。

【例 12-7】 图像的阈值分割。

```
In[7]:  src = cv.imread('D:\image\lena.jpg',cv.IMREAD_COLOR)
```

```
gray = cv.cvtColor(src, cv.COLOR_BGR2GRAY)
cv.imshow('input',gray)
h, w = gray.shape[:2]
m = np.reshape(gray, [1, w * h])
mean = m.sum() / (w * h)
print("mean: ", mean)
ret, binary = cv.threshold(gray, mean, 255, cv.THRESH_BINARY)
cv.imshow('Binary',binary)
cv.waitKey(0)
cv.destroyAllWindows()
```

Out[7]:

示例中的 cv. Threshold(src，dst，threshold，maxValue，thresholdType)实现对灰度图像进行阈值操作得到二值图像。其中，src 指原始数组；dst 为输出数组，必须与 src 的类型一致，或者为 8-bit；threshold 为指定的分割阈值；maxValue 使用 CV_THRESH_BINARY 和 CV_THRESH_BINARY_INV 的最大值。

视频讲解

12.3 应用尺度不变特征变换

尺度不变特征变换(Scale-invariant Feature Transform，SIFT)是用于图像处理领域的一种局部特征检测算法。SIFT 算法由 David Lowe 在 1999 年提出，在 2004 年进一步完善。

SIFT 算法:

输入: 原始图像

输出: 图像的 SIFT 特征点

方法:

(1) 使用高斯模糊滤波器以不同的比例模糊图像。

(2) 将模糊图像按滤波器的标准差加倍进行分组并差分它们。

(3) 在差分图像的标度上找到局部极值。

(4) 将与局部极值相关的每个像素与相同尺度和相邻尺度的相邻像素进行比较。

(5) 从比较中选择最大或最小值。

(6) 排除低对比度点。

(7) 插入候选关键点(图像特征)以获得原始图像上的位置。

【例 12-8】 图像的 SIFT 特征提取。

```
In[8]:    import numpy as np
          import cv2 as cv
          img = cv.imread('D:\image\lena.jpg',cv.IMREAD_COLOR)
          cv.imshow('Lean',img)
          gray = cv.cvtColor(img, cv.COLOR_BGR2GRAY)
          sift = cv.xfeatures2d.SIFT_create()
          kp = sift.detect(gray, None)              # 找出关键点
          ret = cv.drawKeypoints(gray, kp, img)
          cv.imshow('SIFTKeyPint', ret)
          cv.waitKey(0)
          cv.destroyAllWindows()
          kp, des = sift.compute(gray, kp)          # 使用关键点找出 sift 特征向量
          print('特征点个数:',np.shape(kp))
          print('特征向量维度:',np.shape(des))
          print('第一个关键点向量:\n',des[0])
```

Out[8]:

```
特征点个数:(319,)
特征向量维度:(319,128)
第一个关键点特征:
[  0.   1.    0.    1.   57.  153.    0.    0.   26.    0.    0.    1.   15.   71.
   2.  22.   40.    0.    0.    0.    0.    0.    0.   35.    0.    0.    0.    0.
   0.   0.    0.    0.   10.   35.    0.    0.   41.  153.    0.    0.   84.    2.
   0.   0.   54.  153.    9.   18.  153.   16.    0.    0.    1.   14.    5.   48.
  17.   3.    0.    0.    0.    0.    2.   53.  153.    0.    0.    8.   46.
   0.   0.   22.   18.    0.    0.   44.  153.   26.   15.  153.   13.    0.    0.
   3.  58.   35.   68.   33.    5.    1.    4.    0.    0.    3.  153.   73.  153.
   0.   0.    1.    3.    1.    0.   25.  119.    2.    0.    9.   46.   10.    2.
  22.   4.    0.    1.    4.   25.   27.   48.    7.    0.    0.    9.   14.    0.
   0.   7.]
```

12.4 使用加速鲁棒特征检测

加速鲁棒特征(Speeded Up Robust Features,SURF)是一种类似于 SIFT 并且由其启发的专利算法。SURF 于 2006 年推出,使用 Haar 小波变换。SURF 最大的优点是比 SIFT 更快。

$$S(x,y) = \sum_{i=0}^{x} \sum_{j=0}^{y} I(x,y) \tag{12.1}$$

$$H(p,\sigma) = \begin{bmatrix} L_{xx}(p,\sigma) & L_{xy}(p,\sigma) \\ L_{xy}(p,\sigma) & L_{yy}(p,\sigma) \end{bmatrix} \qquad (12.2)$$

$$\sigma_{大约} = 通用滤波器尺寸 \times \frac{基本滤波器尺度}{基本滤波器尺寸} \qquad (12.3)$$

SURF 算法:

输入:原始图像

输出:图像的 SIFT 特征点

方法:

(1) 如果需要,将图像转换为灰度图像。

(2) 计算不同尺度的积分图像(Integral Image),它是从上到下、从左到右的像素值之和(式(12.1))。积分图像代替 SIFT 中的高斯滤波器。

(3) 定义包含像素位置 p 和尺度 σ(式(12.2))为函数的灰度图像二阶导数的海森矩阵(Hessian Matrix)。

(4) 行列式(Determinants)是与方阵有关的值。海森矩阵的行列式对应于点的局部变化。选择具有最大行列式的点。

(5) 尺度 σ 由式(12.3)定义,并且和 SIFT 一样,可以定义尺度 octaves。SURF 通过改变滤波器核心的尺寸来工作,而 SIFT 则是改变图像大小。在上一步的缩放和图像空间中插入最大值。

(6) 将 Haar 小波变换应用于围绕关键点的圆。

(7) 使用滑动窗口对响应求和。

(8) 从响应和中确定方向。

【例 12-9】 图像的 SURF 特征提取。

```
In[9]:    import cv2 as cv
          import numpy as np
          img = cv.imread('D:\image\lena.jpg',cv.IMREAD_COLOR)
          cv.imshow('Lean',img)
          # 参数为 hessian 矩阵的阈值
          surf = cv.xfeatures2d.SURF_create(2000)
          surf.setUpright(True)                    # 设置是否要检测方向
          print(surf.getUpright())                 # 输出设置值
          # 找到关键点和描述符
          key_query,desc_query = surf.detectAndCompute(img,None)
          img = cv.drawKeypoints(img,key_query,img)
          print(surf.descriptorSize())            # 输出描述符的个数
          cv.imshow('SURF',img)
          cv.waitKey(0)
```

Out[9]:

12.5 图像降噪

噪声是数据和图像中的常见现象。减少数字图像中噪声的过程被称为图像降噪或图像去噪。图像降噪的一个简单想法是平均小窗口中的像素值,即用像素周围邻域像素的平均值代替该像素值。

OpenCV 有一些去噪的函数,通常需要指定滤波器的强度、搜索窗口的大小以及为检测相似性定义的窗口的大小。

【例 12-10】 图像降噪。

In[10]:
```
import cv2 as cv
import numpy as np
img = cv.imread('D:\image\lena.jpg',cv.IMREAD_COLOR)
cv.imshow('Lean',img)
Z = img.reshape((-1, 3))
np.random.seed(59)
noise = np.random.random(Z.shape) < 0.99
noisy = (Z * noise).reshape((img.shape))           #为图像增加噪声
cv.imshow('Noise Lena',noisy)
cleaned = cv.fastNlMeansDenoisingColored(noisy, None, 10, 7, 7, 21)  #图像降噪
cv.imshow('Denoised Lena',cleaned)
cv.waitKey()
cv.destroyAllWindows()
```

Out[10]:

12.6　本章小结

本章介绍了 OpenCV 图像处理方面的基本功能，主要包括 OpenCV 的导入、图像的基本操作、SIFT 和 SURF 特征点的提取及图像的降噪。

本章实训

图像分割（Image Segmentation）是计算机视觉研究中的一个经典难题，已经成为图像理解领域关注的一个热点。图像分割是计算机将图像分割为多个区域的过程。分割图像的简单方法是使用阈值分割，它会产生两个区域。典型的大津阈值法（Otsu Thresholding）通过最小化两个区域的加权方差（式（12.4））实现图像分割。

$$\sigma_w^2(t) = \omega_w^2(t)\sigma_1^2(t) + \omega_2(t)\sigma_2^2(t) \tag{12.4}$$

边缘检测（Edge Detection）也是图像处理和计算机视觉中的基本问题。边缘检测的目的是标识数字图像中亮度变化明显的点。Canny 边缘检测是从不同视觉对象中提取有用的结构信息并大大减少要处理的数据量的一种技术，目前已广泛应用于各种计算机视觉系统。

角点（Harris Corner）是图像很重要的特征，对图形图像的理解和分析有很重要的作用。Harris 角点检测是通过数学计算在图像上发现角点特征的一种算法，而且其具有旋转不变性。

本实训实现了图像的大津阈值法分割 Otsu、Canny 边缘检测和 Harris Corner 角点检测。

1. 打开图像文件

```
In[1]:    import numpy as np
          import cv2 as cv
          import matplotlib.pylab as plt
          img = cv.imread('D:\image\lena.jpg',cv.IMREAD_COLOR)
          gray = cv.cvtColor(img,cv.COLOR_BGR2GRAY)
          b,g,r = cv.split(img)
          src = cv.merge([r, g, b])
          plt.subplot(221),plt.imshow(src)
          plt.title('Original Image'), plt.xticks([]), plt.yticks([])
          plt.subplot(222),plt.imshow(gray,cmap = 'gray')
          plt.title('Gray Image'), plt.xticks([]), plt.yticks([])
          plt.show()
```

Out[1]:

2. 图像的 OTSU 二值分割

In[2]:
```
ret, thresh = cv.threshold(gray, 0, 255, cv.THRESH_OTSU)
plt.imshow(thresh, cmap = 'gray')
plt.title('OTSU'), plt.xticks([]), plt.yticks([])
plt.show()
```

Out[2]:

3. 图像的 Canny 边缘检测

In[3]:
```
edges = cv.Canny(gray, 100, 200)
b, g, r = cv.split(img)
src = cv.merge([r, g, b])
plt.subplot(221), plt.imshow(src)
plt.title('Original Image'), plt.xticks([]), plt.yticks([])
plt.subplot(222), plt.imshow(edges, cmap = 'gray')
plt.title('Edge Image'), plt.xticks([]), plt.yticks([])
plt.show()
```

Out[3]:

4. 图像的 Harris Corner 角点检测

In[3]:
```
gray = np.float32(gray)
dst = cv.cornerHarris(gray, 2, 3, 0.04)
```

```
#result is dilated for marking the corners, not important
dst = cv.dilate(dst,None)
# Threshold for an optimal value, it may vary depending on the image.
img[dst > 0.01 * dst.max()] = [0,0,255]
b,g,r = cv.split(img)
src = cv.merge([r, g, b])
plt.imshow(src)
plt.title('Harris Corner '), plt.xticks([]), plt.yticks([])
```

Out[3]:

Harris Corner

第13章

综合案例

本章针对职业人群体检数据和股票交易数据，使用 Python 进行了数据分析与可视化描述。

13.1 职业人群体检数据分析

有的职业危害因素会对人体血液系统等产生影响。本实训针对一次职业人群体检的部分数据进行了分析（所用到的分析数据可以随本课程 PPT 一同下载）。

1. 导入模块

```
In[1]:    import pandas as pd
          import numpy as np
          import matplotlib.pyplot as plt
          plt.rcParams['font.sans-serif'] = ['SimHei']        #用来正常显示中文标签
          plt.rcParams['axes.unicode_minus'] = False          #用来正常显示负号
          % matplotlib inline
```

2. 获取数据

导入待处理数据 testdata.xls，并显示前 5 行。

```
In[2]:    df = pd.read_excel("dataset//testdata.xls",sheet_name = 'orignal_data')
          #这个会直接默认读取到这个 Excel 的第一个表单
          df.head() #默认读取前 5 行的数据
```

Out[2]:

	序号	性别	身份证号	是否吸烟	是否饮酒	开始从事某工作年份	体检年份	淋巴细胞计数	白细胞计数	细胞其他值	血小板计数
0	1	女	****1982080000	否	否	2009年	2017	2.4	8.5	NaN	248.0
1	2	女	****1984110000	否	否	2015年	2017	1.8	5.8	NaN	300.0
2	3	男	****1983060000	否	否	2013年	2017	2.0	5.6	NaN	195.0
3	4	男	****1985040000	否	否	2014年	2017	2.5	6.6	NaN	252.0
4	5	男	****1986040000	否	否	2014年	2017	1.3	5.2	NaN	169.0

3. 分析数据

（1）查看数据类型、表结构，并统计各字段空缺值的个数。

查看数据类型：

```
In[3]:    df.dtypes
Out[3]:   序号                      int64
          性别                      object
          身份证号                    object
          是否吸烟                    object
          是否饮酒                    object
          开始从事某工作年份              object
          体检年份                    object
          淋巴细胞计数(10^9/L)          float64
          白细胞计数(10^9/L)           float64
          细胞其他值                   float64
          血小板计数(10^9/L)           float64
          dtype: object
```

查看表结构信息：

```
In[4]:    df.info()
Out[4]:   < class 'pandas.core.frame.DataFrame'>
          RangeIndex: 1234 entries, 0 to 1233
          Data columns (total 11 columns):
          序号                   1234 non-null int64
          性别                   1234 non-null object
          身份证号                 1162 non-null object
          是否吸烟                 1232 non-null object
          是否饮酒                 1232 non-null object
          开始从事某工作年份           1231 non-null object
          体检年份                 1123 non-null object
          淋巴细胞计数              1112 non-null float64
          白细胞计数               1112 non-null float64
          细胞其他值                 0 non-null float64
          血小板计数               1030 non-null float64
          dtypes: float64(4), int64(1), object(6)
          memory usage: 106.1 + KB
```

统计各字段空缺值：

```
In[5]:    df.isnull().sum()                        #统计各字段空缺的个数
```

```
Out[5]:   序号                       0
          性别                       0
          身份证号                     72
          是否吸烟                     2
          是否饮酒                     2
          开始从事某工作年份               3
          体检年份                    111
          淋巴细胞计数(10^9/L)         122
          白细胞计数(10^9/L)          122
          细胞其他值                  1234
          血小板计数(10^9/L)          204
          dtype: int64
```

（2）删除全为空的列及"身份证号"为空的数据。

删除全为空的列：

```
In[6]:    df.dropna(axis = 1, how = 'all', inplace = True)
          df.head()
```

Out[6]:

	序号	性别	身份证号	是否吸烟	是否饮酒	开始从事某工作年份	体检年份	淋巴细胞计数	白细胞计数	血小板计数
0	1	女	****1982080000	否	否	2009年	2017	2.4	8.5	248.0
1	2	女	****1984110000	否	否	2015年	2017	1.8	5.8	300.0
2	3	男	****1983060000	否	否	2013年	2017	2.0	5.6	195.0
3	4	男	****1985040000	否	否	2014年	2017	2.5	6.6	252.0
4	5	男	****1986040000	否	否	2014年	2017	1.3	5.2	169.0

删除"身份证号"为空的数据，并查看结果：

```
In[7]:    df.dropna(how = 'any',subset = ['身份证号'], inplace = True)
          df.isnull().sum()
```

```
Out[7]:   序号                       0
          性别                       0
          身份证号                     0
          是否吸烟                     2
          是否饮酒                     2
          开始从事某工作年份               3
          体检年份                    93
          淋巴细胞计数(10^9/L)         105
          白细胞计数(10^9/L)          105
          血小板计数(10^9/L)          182
          dtype: int64
```

（3）将"开始从事某工作年份"规范为 4 位数字年份，如"2018"，并将列名修改为"参加工作时间"。

```
In[8]:    df.开始从事某工作年份 = df.开始从事某工作年份.str[0:4]
          df.rename(columns = {"开始从事某工作年份":
          "参加工作时间"}, inplace = True)
          df.head()
```

Out[8]:

	序号	性别	身份证号	是否吸烟	是否饮酒	参加工作时间	体检年份	淋巴细胞计数	白细胞计数	血小板计数
0	1	女	****1982080000	否	否	2009	2017	2.4	8.5	248.0
1	2	女	****1984110000	否	否	2015	2017	1.8	5.8	300.0
2	3	男	****1983060000	否	否	2013	2017	2.0	5.6	195.0
3	4	男	****1985040000	否	否	2014	2017	2.5	6.6	252.0
4	5	男	****1986040000	否	否	2014	2017	1.3	5.2	169.0

(4) 增加"工龄"(体检年份－参加工作时间)和"年龄"(体检年份－出生年份)两列。
查看待处理是否有缺失值：

```
In[9]:    df.isnull().sum()
```

Out[9]:	序号	0
	性别	0
	身份证号	0
	是否吸烟	2
	是否饮酒	2
	参加工作时间	602
	体检年份	93
	淋巴细胞计数(10^9/L)	105
	白细胞计数(10^9/L)	105
	血小板计数(10^9/L)	182
	dtype: int64	

从运行结果可以看出，参加工作时间有 602 个缺失值。
删除所有缺失值：

```
In[10]:   df1 = df.dropna(subset = ['参加工作时间'],how = 'any')
          df1.isnull().sum()
```

Out[10]:	序号	0
	性别	0
	身份证号	0
	是否吸烟	2
	是否饮酒	2
	参加工作时间	0
	体检年份	38
	淋巴细胞计数(10^9/L)	41
	白细胞计数(10^9/L)	41
	血小板计数(10^9/L)	112
	dtype: int64	

可以看到"参加工作时间"这一列的缺失值已经删除，同时，也看到"体检年份"还有
38 个缺失值，也进行删除。
删除"体检年份"缺失的数据：

```
In[11]:   df2 = df1.dropna(subset = ['体检年份'],how = 'any')
          df2.isnull().sum()
```

Out[11]:	序号	0
	性别	0

身份证号		0
是否吸烟		1
是否饮酒		1
参加工作时间		0
体检年份		0
淋巴细胞计数(10^9/L)		5
白细胞计数(10^9/L)		5
血小板计数(10^9/L)		74

dtype: int64

查看待处理数据的类型：

```
In[12]:   df2.dtypes
Out[12]:  序号                    int64
          性别                    object
          身份证号                  object
          是否吸烟                  object
          是否饮酒                  object
          参加工作时间                object
          体检年份                  object
          淋巴细胞计数(10^9/L)        float64
          白细胞计数(10^9/L)         float64
          血小板计数(10^9/L)         float64
          dtype: object
```

"身份证号""参加工作时间"以及"体检年份"的数据类型都是object，需要进行类型转换，统一转化为int64类型。另外，"体检年份"这一列有异常数据，很多年份后都有"年"字。对"体检年份"列数据进行时间提取：

```
In[13]:   data = df2.copy()                    #复制数据
          data.参加工作时间 = data.参加工作时间.astype('int64')
          #首先将体检年份转换为 str 类型
          data['体检年份'] = data.体检年份.astype('str')
          #取前 4 位值之后再将体检年份转换为 int64 类型
          data.体检年份 = data.体检年份.str[0:4].astype("int64")
          #取身份证的第 4 位 - 第 7 位,并转换为 int64 类型
          data["出生年份"] = data.身份证号.str[4:8].astype('int64')
```

Out[13]:

	序号	性别	身份证号	是否吸烟	是否饮酒	参加工作时间	体检年份	淋巴细胞计数	白细胞计数	血小板计数	出生年份
0	1	女	****1982080000	否	否	2009	2017	2.4	8.5	248.0	1982
1	2	女	****1984110000	否	否	2015	2017	1.8	5.8	300.0	1984
2	3	男	****1983060000	否	否	2013	2017	2.0	5.6	195.0	1983
3	4	男	****1985040000	否	否	2014	2017	2.5	6.6	252.0	1985
4	5	男	****1986040000	否	否	2014	2017	1.3	5.2	169.0	1986

增加"工龄"和"年龄"这两列：

```
In[14]:   data = data.eval('工龄 = 体检年份 - 参加工作时间')
          data = data.eval("年龄 = 体检年份 - 出生年份")
          data.head()
```

Out[14]:

	序号	性别	身份证号	是否吸烟	是否饮酒	参加工作时间	体检年份	淋巴细胞计数	白细胞计数	血小板计数	工龄	出生年份	年龄
0	1	女	****1982080000	否	否	2009	2017	2.4	8.5	248.0	8	1982	35
1	2	女	****1984110000	否	否	2015	2017	1.8	5.8	300.0	2	1984	33
2	3	男	****1983060000	否	否	2013	2017	2.0	5.6	195.0	4	1983	34
3	4	男	****1985040000	否	否	2014	2017	2.5	6.6	252.0	3	1985	32
4	5	男	****1986040000	否	否	2014	2017	1.3	5.2	169.0	3	1986	31

（5）统计不同性别的白细胞计数均值，并画出柱状图。

```
In[15]:    mean = data.groupby("性别")["白细胞计数(10^9/L)"].mean()
           mean
```

Out[15]: 性别
          女   5.458866
          男   7.486667
          Name:白细胞计数(10^9/L), dtype: float64

绘制不同性别的白细胞均值直方图：

```
In[16]:    plt.rcParams['font.size'] = 15
           plt.rcParams['font.family'] = 'SimHei'
           mean.plot(kind = 'bar')
           plt.xticks(rotation = 0)
```

Out[16]: Text(0, 0.5, '白细胞均值')

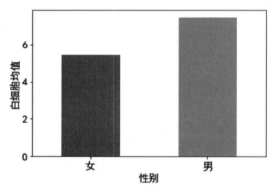

（6）统计不同年龄段的白细胞计数，并画出柱状图，年龄段划分为：小于或等于 30 岁，31 岁至 40 岁，41 岁至 50 岁以及大于 50 岁 4 个。

```
In[17]:    data['年龄段'] = pd.cut(data.年龄, bins = [0,30,40,50, 100])
           count = data.groupby('年龄段')['白细胞计数(10^9/L)'].mean()
           count
```

Out[17]: 年龄段
          (0, 30]   5.943176
          (30, 40]   7.492611
          (40, 50]   5.478235
          (50, 100]   5.734107
          Name:白细胞计数(10^9/L), dtype: float64

绘制不同年龄段的白细胞计数均值：

```
In[18]:    count.plot(kind = "bar")
           plt.xticks(rotation = 30)
           plt.ylabel("白细胞计数均值")
Out[18]:   Text(0, 0.5, '白细胞计数均值')
```

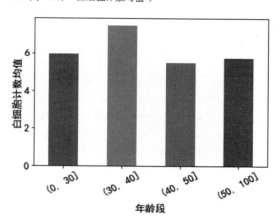

13.2　股票数据分析

本实训针对阿里巴巴、谷歌、亚马逊、Facebook、苹果和腾讯 6 家公司 2018 年以及 2019 年前四个月的股票数据进行了分析与可视化描述。数据分析前需要安装互联数据获取包 pandas-datareader。

1. 导入模块

```
In[1]:     import pandas as pd
           from pandas_datareader import data
           import matplotlib.pyplot as plt
           font = {'family' : 'SimHei', 'weight' : 'bold', size: '12'}
           plt.rc('font', ** font)                          # 设置字体的更多属性
           plt.rc('axes', unicode_minus = False)            # 坐标轴负数的负号显示
```

2. 获取数据

（1）定义要获取股票数据的来源和时间区间。

```
In[2]:     # 字典: 6 家公司
           gafataDict = {'谷歌':'GOOG','亚马逊':'AMZN','Facebook':'FB',
                         '苹果':'AAPL','阿里巴巴':'BABA','腾讯':'0700.hk'}
           # 获取股票的时间范围
           start_date = '2018 - 01 - 01'
           end_date = '2019 - 05 - 01'
```

（2）分别获取阿里巴巴、谷歌、亚马逊、Facebook、苹果、腾讯的股票数据。

```
In[3]:      #阿里巴巴
            ALbbDf = data.get_data_yahoo(gafataDict['阿里巴巴'],start_date, end_date)
            #查看后 5 行数据
            ALbbDf.tail()
```

Out[3]:

Date	High	Low	Open	Close	Volume	Adj Close
2019-04-25	188.130005	183.955002	185.240005	187.880005	10328900	187.880005
2019-04-26	188.740005	185.509995	187.880005	187.089996	9421100	187.089996
2019-04-29	188.000000	185.759995	187.419998	186.940002	8660600	186.940002
2019-04-30	188.250000	183.820007	186.300003	185.570007	15076500	185.570007
2019-05-01	193.195007	185.880005	186.750000	189.309998	17397500	189.309998

数据说明：获取的股票数据为各个公司每日的股票价位，其中：

列名	High	Low	Open	Close	Volume
含义	最高价	最低价	开盘价	收盘价	成交量

其他公司股票数据获取代码略。

3. 分析数据

（1）查看股票数据的行索引、数据集情况、数据类型、数据集描述统计信息，并统计各字段空缺的个数。

```
In[4]:      ALbbDf.index
Out[4]:     DatetimeIndex(['2018-01-02', '2018-01-03', '2018-01-04', '2018-01-05',
                           '2018-01-08', '2018-01-09', '2018-01-10', '2018-01-11',
                           '2018-01-12', '2018-01-16',
                           ...
                           '2019-04-17', '2019-04-18', '2019-04-22', '2019-04-23',
                           '2019-04-24', '2019-04-25', '2019-04-26', '2019-04-29',
                           '2019-04-30', '2019-05-01'],
                          dtype='datetime64[ns]', name='Date', length=334, freq=None)
```

查看数据基本信息：

```
In[5]:      ALbbDf.info()
Out[5]:     <class 'pandas.core.frame.DataFrame'>
            DatetimeIndex: 334 entries, 2018-01-02 to 2019-05-01
            Data columns (total 6 columns):
            High              334 non-null float64
            Low               334 non-null float64
            Open              334 non-null float64
            Close             334 non-null float64
            Volume            334 non-null int64
```

```
Adj Close              334 non-null float64
dtypes: float64(5), int64(1)
memory usage: 18.3 KB
```

查看数据类型信息：

```
In[6]:   ALbbDf.dtypes
Out[6]:  High              float64
         Low               float64
         Open              float64
         Close             float64
         Volume              int64
         Adj Close         float64
         dtype: object
```

查看数据基本描述信息：

```
In[7]:   ALbbDf.describe()
```

Out[7]:

	High	Low	Open	Close	Volume	Adj Close
count	334.000000	334.000000	334.000000	334.000000	3.340000e+02	334.000000
mean	177.391278	172.718724	175.191135	175.107455	1.862441e+07	175.107455
std	18.478215	18.741932	18.579197	18.598910	8.710564e+06	18.598910
min	134.570007	129.770004	130.000000	130.600006	7.146800e+06	130.600006
25%	163.197254	158.384251	160.367496	161.010002	1.301642e+07	161.010002
50%	181.724998	177.000000	179.459999	179.375000	1.681555e+07	179.375000
75%	190.419994	185.704994	188.090004	187.525002	2.128875e+07	187.525002
max	211.699997	207.509995	209.949997	210.860001	7.884340e+07	210.860001

（2）增加一列 DayHL，表示日最高价和最低价之间的差值。

```
In[8]:   ALbbDf["DayHL"] = ALbbDf.eval("High-Low")
         ALbbDf.tail()
```

Out[8]:

Date	High	Low	Open	Close	Volume	Adj Close	DayHL
2019-04-25	188.130005	183.955002	185.240005	187.880005	10328900	187.880005	4.175003
2019-04-26	188.740005	185.509995	187.880005	187.089996	9421100	187.089996	3.230011
2019-04-29	188.000000	185.759995	187.419998	186.940002	8660600	186.940002	2.240005
2019-04-30	188.250000	183.820007	186.300003	185.570007	15076500	185.570007	4.429993
2019-05-01	193.195007	185.880005	186.750000	189.309998	17397500	189.309998	7.315002

（3）绘制阿里巴巴的股票走势图。

```
In[9]:   #修改 rcparams 参数设置显示字体和字号
         matplotlib.rcParams['font.size'] = 12
         matplotlib.rcParams['font.family'] = 'SimHei'
         ALbbDf.plot(y = "Close",fontsize = 10)
         plt.xlabel('时间',fontsize = 12)
```

```
plt.ylabel('股价(美元)',fontsize = 12)
plt.title('2018 年初至今阿里巴巴股价走势',fontsize = 12)
plt.grid()
plt.show()
```

Out[9]:

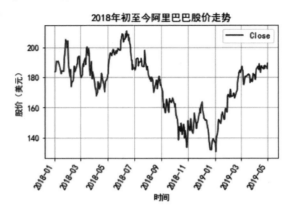

从图可以看出：阿里巴巴的股票价格在 2018 年 1 月—2018 年 6 月期间涨势良好且相对稳定；从 2018 年 6 月开始总体趋势处于下滑状态；2019 年 1 月开始,股票价格总体趋势一直是上涨的。

（4）绘制阿里巴巴股票成交量和股价的散点图。

```
In[10]:    matplotlib.rcParams['font.size'] = 15
           ALbbDf.plot(x = 'Volume', y = 'Close', kind = 'scatter')
           plt.xlabel('成交量')
           plt.ylabel('股价(美元)')
           plt.title('成交量和股价')
           plt.show()
```

Out[10]:

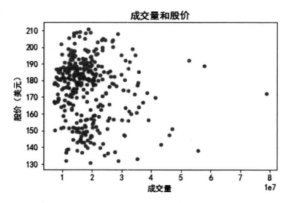

（5）计算相关系数矩阵。

```
In[11]:    ALbbDf.corr()
```

Out[11]:

	High	Low	Open	Close	Volume	Adj Close	DayHL
High	1.000000	0.994182	0.994971	0.993745	-0.076976	0.993745	-0.076400
Low	0.994182	1.000000	0.993259	0.994785	-0.144993	0.994785	-0.183352
Open	0.994971	0.993259	1.000000	0.985715	-0.105848	0.985715	-0.113749
Close	0.993745	0.994785	0.985715	1.000000	-0.118195	1.000000	-0.139072
Volume	-0.076976	-0.144993	-0.105848	-0.118195	1.000000	-0.118195	0.639663
Adj Close	0.993745	0.994785	0.985715	1.000000	-0.118195	1.000000	-0.139072
DayHL	-0.076400	-0.183352	-0.113749	-0.139072	0.639663	-0.139072	1.000000

（6）对 6 家公司的股价走势进行比较，并画出曲线图。

In[12]:
```
#腾讯是港股,收盘价是港币,按照汇率将其转化为美元
exchange = 0.1278          #可以在网上查到当天的最新汇率
#增加新的一列收盘价(美元)
TCDf['Close_dollar'] = TCDf['Close'] * exchange
ax1 = GoogleDf.plot(y = 'Close',label = '谷歌')
#在同一画布上绘图
AmazDf.plot(ax = ax1,y = 'Close',label = '亚马逊')
FBDf.plot(ax = ax1,y = 'Close',label = 'Facebook')
AppleDf.plot(ax = ax1,y = 'Close',label = '苹果')
ALbbDf.plot(ax = ax1,y = 'Close',label = '阿里巴巴')
TCDf.plot(ax = ax1,y = 'Close_dollar',label = '腾讯')
plt.xlabel('时间')
plt.ylabel('股价(美元)')
plt.title('2018 年至今 6 家公司股价走势比较')
plt.show()
```

Out[12]:

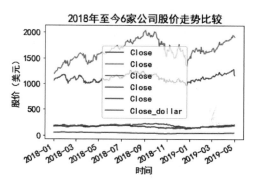

（7）比较 6 家公司股票的平均值。

In[13]:
```
dMeanList = [GoogleDf['Close'].mean(),
             AmazDf['Close'].mean(),
             FBDf['Close'].mean(),
             AppleDf['Close'].mean(),
             ALbbDf['Close'].mean(),
```

```
                                    TCDf['Close_dollar'].mean() ]
            ＃创建 Series
            MeanSer = pd.Series(MeanList, index = ['谷歌', '亚马逊', 'Facebook',
                                                   '苹果', '阿里巴巴', '腾讯'])
            MeanSer.plot(kind = 'bar',label = 'GAFATA')
            plt.title('2018 年至今 6 家公司股价平均值')
            plt.xlabel('公司名称')
            plt.ylabel('股价平均值(美元)')
            plt.xticks(rotation = 30)
            plt.show()
```

Out[13]:

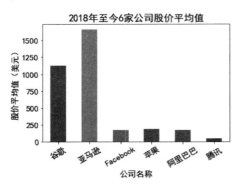